아이들은 수학 문제를 이렇게도 풀어요

이대현 · 고은이 · 김경희 · 김순형 · 김태수 · 김희연 · 박정웅 · 손아영 · 오수진 · 유재혁
윤선범 · 이민경 · 이수연 · 임시연 · 전금옥 · 조성민 · 최양혁 · 최지영 · 한지민 지음

KM 경문사

머리말

일상생활을 해 나가는 과정에서 우리는 수많은 문제를 접하게 된다. 그 문제는 일상의 경험이나 직관적 판단을 통하여 쉽게 해결해 낼 수 있는 문제에서부터 수학적 원리를 적용하여야만 해결할 수 있는 복잡한 문제까지 다양하다. 특히 정보화 사회의 학교 교육에서는 일상생활 속에서 부딪히는 여러 가지 문제를 해결할 수 있는 능력을 기르는 것이 더욱 중요시되고 있다.

따라서 학교 수학교육은 학생들의 수학적 문제해결력을 길러주는데 초점을 두어야 한다. 이를 위해서는 학생들이 창의적으로 문제를 해결하는 경험을 많이 해보는 것이 좋다. 수학 문제해결은 공식을 외워서 이를 문제에 적용하는 것을 의미하지 않는다. 학생 스스로 수학적 개념이나 원리를 발견하도록 하고, 문제해결의 방법을 스스로 탐구하고 찾아내며, 여러 가지 방법으로 문제를 해결해 보는 자기 주도적인 문제해결 과정을 중시해야 한다.

문제를 해결할 때 우리는 주어진 정보가 무엇인지? 구하고자 하는 것이 무엇인지? 문제를 해결하기 위하여 어떤 문제해결 방법을 활용해야 하는지? 등을 판단해야 한다. 그리고 이미 학습한 지식이나 경험을 활용하고 가장 효율적인 방법을 적용하여 문제를 해결해야 한다.

그런데 아이들의 수학 문제해결 방법은 성인의 문제해결 방법과 같지 않을 수 있으며, 문제를 해석하는 능력도 성인의 생각과 다를 수 있다. 학생들은 성인이 생각하는 전형적인 문제해결 방법과는 다른 방법으로 문제를 해결하기도 한다. 그렇지만 종전의 우리 교육은 성인의 관점에 따른 수학 학습과 문제해결을 요구해 왔던 것이 사실이다. 최근의 많은 수학교육자들이 제기하듯이, 학생들은 자기의 경험이나 직관, 비형식적 지식을 활용하여 기성의 방법과는 다른 자신의 방법으로 수학을 경험하고 문제를 해결할 수 있다. 이러한 문제해결은 성공적인 결과를 가져오기도 하지만, 때로는 오류를 산출하기도 한다. 그렇지만 학생들이 주어진 문제에 대하여 고민하고 숙고하는 과정을 통해 산출되는 결과는 그 학생에게 그만큼의 가치가 있으며, 설령 오류를 산출했다할지라도 그 오류는 올바른 문제해결을 위한 출발점이 될 수 있다.

그간 우리의 수학교육은 PISA, TIMSS와 같은 국제 비교연구에서 우수한 결과를 얻었다. 그럼에도 불구하고 우리는 수학에 대한 흥미도와 동기와 같은 정의적인 면에서 학생들이 낮은 결과를 보이고 있다는 것도 잘 알고 있다. 이러한 결과에 대한 여러 원인 분석이 이루어지고 있고, 그 해결 방안의 하나로 국가 수준에서는 '창의성과 인성'을 강조하는 교육과정을 개정·고시하기도 하였다. 인지적 능력에 대한 결과는 우수한데, 정의적 영역에 대한 결과는

Preface

저조한 것은 아마도 우리의 교육이 학생을 이해하고, 학생이 중심이 되는 교육을 추구하지 못한데 있을 것이다. 학생들이 스스로 문제해결자가 되어, 자신의 지식과 경험을 바탕으로 자신의 방법으로 문제를 해결해 보는 경험을 제공하는 것이 한 가지 대안이 될 수 있다.

이 책은 이러한 목적으로 기획되었다. 학교에서 수학을 지도하고 있는 교사로서 경험을 통해 학생들은 수학 문제를 여러 가지 방법으로 해결할 수 있는 능력이 있다는 것을 알았다. 그럼에도 불구하고 우리의 교재는 정형화된 올바른 한 가지 답만을 제공하고 있다는 것도 알았다.

이 책은 수와 연산, 도형, 측정, 확률과 통계, 규칙성 영역 문제로, 모두 5장으로 구성되어 있다. 각 장에는 수학의 주요 영역에 대한 탐구 문제를 유사한 내용끼리 유목화 하여 제시하였다. 그렇지만 이 책에서 제시하는 문제가 초등 수학의 모든 학습 내용을 포괄하지는 않는다는 것에 주의하기 바란다.

이 책의 주제들은 서로 독립적으로 제시되어 있어 어느 주제부터 다루어도 무방하다. 각 주제에는 주제에 대한 설명으로 시작하여 관련된 문제를 제시하였다. 각 문제에는 학생들의 다양한 해결 방법이 제시되어 있고, 때때로 전형적인 오류도 제시하였다. 도전하기에서는 원래 문제와 유사한 문제를 제시하여 문제해결에 도전해 보도록 구성하였다. 도전하기 문제를 통해 교사는 문제 만들기 활동을 경험할 수 있으며, 학생들은 주어진 문제를 다양하게 변형시킨 문제를 해결해 볼 수 있을 것이다.

이 책을 활용하여 독자들은 학생들의 다양한 문제해결을 경험할 수 있을 것이고, 또한 수학 문제를 다양한 방법으로 해결해 볼 수 있는 수학 문화를 만들 수 있을 것으로 기대한다. 이 책의 미진한 부분은 계속 연구하고 보완할 것이며, 풍향학교수학연구소 회원들이 함께 할 것이다. 이 책을 출판을 위해 아이디어를 제공해 주고 원고 검토 작업에 참여해 준 풍향학교수학연구소 회원 선생님들에게 격려를 보냅니다. 또한 책이 출판될 수 있도록 도와주신 경문사 사장님과 직원들에게 감사의 마음을 표합니다.

2014. 3. 지은이 일동

차례

차례

Ⅱ. 도형 영역

01 평면도형 탐구하기

02 입체도형 탐구하기

Ⅲ. 측정 영역

01 길이 탐구하기

차례

V. 규칙성 영역

차례

I

수와 연산 영역

01 계산 방법 탐구하기

계산은 수세기와 계산 도구의 사용으로부터 발달해 왔다. 계산 도구로는 고대의 돌조각이나 소로반 등이 있었으며, 필산으로 발달하였고, 현대에 이르러서는 계산기가 활용되기도 한다.

암산, 어림산, 필산, 계산기와 같은 여러 계산 방법을 익히고 활용하는 것은 생활에서 매우 필요하다. 그렇지만 학생들은 필산에 치중하는 경향이 강하다.

계산에서는 다양한 계산 방법을 알고, 상황에 적절한 계산을 수행하며 보다 효율적인 계산 방법을 선택하고 활용하도록 해야 한다. 또한 계산에서 알고리즘의 숙달과 실행도 중요하지만, 그 과정에 내재된 원리를 발견하고 정답에 이르는 자신의 방법을 깨치도록 이끄는 문제해결을 경험하게 할 필요가 있다.

1.1 옛날 사람들은 곱셈을 어떻게 했을까?

(두 자리 수)×(두 자리 수)의 곱셈을 하는 방법으로 학교에서는 세로셈을 이용한 필산을 주로 합니다. 그렇지만 여러 가지 방법으로 계산을 할 수 있습니다. 23×34를 이용하여 여러 가지 방법으로 계산해 봅시다.

세로셈을 이용하여 계산하면 782가 된다.

$$\begin{array}{r} 23 \\ \times\ 34 \\ \hline 92 \\ 69 \\ \hline 782 \end{array}$$

고대 이집트인들은 곱셈을 할 때 '2배'만을 이용하는 방법을 활용하여 다음과 같은 방법으로 계산을 하였다(강시중, 1992).

$$\begin{array}{ll} 23\times34 \Rightarrow & 23\times1=23 \\ & 23\times2=46 \quad * \\ & 23\times4=92 \\ & 23\times8=184 \\ & 23\times16=368 \\ & 23\times32=736 \quad * \end{array}$$

위의 식에서 곱하는 수인 34는 $32+2=34$이므로 두 계산 결과의 합인 $46+736=782$가 된다.

러시아의 전통적인 방법은 2배와 반을 이용하여 다음과 같은 방법으로 계산을 하였다(강지형 외 5, 2008). 즉, 피승수 23은 2배를 해가고, 승수인 34는 1이 될 때까지 반으로 나눈다. 승수가 1일 때의 피승수인 736과 승수가 반으로 나누어 떨어지지 않을 때의 승수 17의 피승수인 46을 더하면 된다. 왜냐하면 승수가 17일 때, 승수를 16으로 간주하고 반으로 나누었기 때문에 실제로 승수 1에 해당되는 46을 덜 더한 것이다.

피승수	승수
23	34
46	17√
92	8
184	4
368	2
736	1√

$46+736=782$

이 과정을 식으로 나타내면 다음과 같다.

$$\begin{aligned}23\times34&=46\times17\\&=46\times(16+1)\\&=46\times16+46\\&=92\times8+46\\&=184\times4+46\\&=368\times2+46\\&=736\times1+46\\&=736+46=782\end{aligned}$$

격자 이용 방법은 다음 그림과 같이 격자를 만들어 격자의 위쪽과 오른쪽에 있는 수를 곱하여 격자 안에 쓴다. 그리고 오른쪽 위에서 왼쪽 아래의 대각선 방향으로 있는 수를 더하고, 10이 되면 받아올림을 한다. 따라서 $23 \times 34 = 782$가 된다.

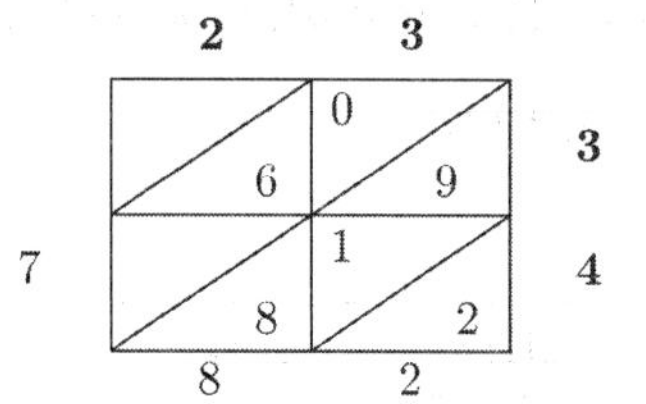

23×34의 문살 곱셈 계산법을 이용하여 다음과 같이 계산한다(교육과학기술부, 2010).

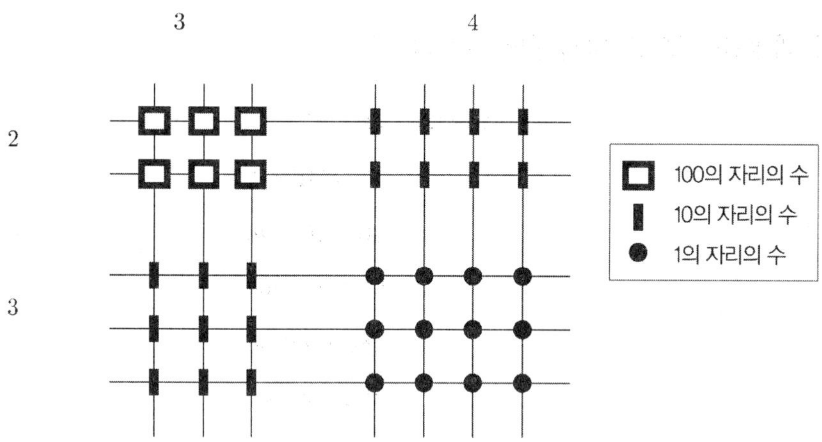

행과 열의 선을 23×34의 개수만큼 그린 후 교점의 수를 세어 합한다. 이때 각 교점의 자릿수는 각 곱의 자릿수와 같고 10이 넘어갈 경우 받아올림 한다. 따라서 일의 자리 수는 12개, 십의 자리 수는 17개(9+8), 백의 자리 수는 6개이므로 $12+90+80+600=782$가 된다.

두 자리 수의 곱셈에 어떤 일반적인 규칙이 있는 것은 아닐까? 두 자리 수의 곱셈 방법에 격자와 문살 곱셈 계산법이 가능한 이유를 대수적으로 살펴보자.

$23=2x+3$, $34=3x+4$(단, $x=10$)으로 표현할 수 있다.

따라서 $23\times34=(2x+3)(3x+4)=6x^2+(8+9)x+12=6x^2+17x+12$이다. 여기에 $x=10$을 대입하면 $6\times100+17\times10+12=600+170+12=782$가 된다.

이를 일반화하면 $(ax+b)(cx+d)=acx^2+(ad+bc)x+bd$로 계산할 수 있다.

Tip 곱셈기호 "×"는 1631년 영국의 오트레드(Oughtred, William)(1574~1660)라는 수학자가 쓴 "수학의 열쇠"라는 책에서 처음 쓰였다고 한다(정지호(역), 1990).

도 전 하 기

(1) 234×72를 세로셈, 고대 이집트인들의 방법, 러시아의 전통적인 방법, 격자 이용 방법으로 계산해 보자.

정답 (1) 16848

1.2 곱해서 가장 큰 수를 만들고 싶어(1)

1부터 9까지의 수를 한 번씩만 사용하여 (두 자리 수)×(두 자리 수)의 값이 가장 큰 수를 만들어 봅시다. □ 안에 어떤 수를 넣어야 합니까?

$$\begin{array}{r} \square\ \square \\ \times\ \square\ \square \\ \hline \end{array}$$

□ 안에 임의의 수를 넣어 직접 계산해 보자.

$$\begin{array}{r} 9\ 6 \\ \times\ 8\ 7 \\ \hline \end{array} \qquad \begin{array}{r} 9\ 7 \\ \times\ 8\ 6 \\ \hline \end{array}$$

여러분은 혹시 위의 두 가지 경우를 생각했는가? 어느 경우가 더 큰가? 첫 번째 경우는 8352이고, 두 번째 경우는 8342이다. 여러분은 9와 8을 십의 자리에 넣고 싶을 것이다. 그 다음 큰 수인 7과 6을 일의 자리에 적절히 넣으면 조건에 맞는 수를 찾을 수 있을 것이다. 그런데 왜 똑같이 십의 자리에 9와 8을, 일의 자리에 7과 6을 배치했지만 답이 다르게 나오는 걸까?

십의 자리에 가장 큰 수인 9와 8을 배치한다. 다음에 곱이 크기 위해서는 9에 곱해지는 수가 더 커야 한다.

$$\begin{array}{r} 9\ \square \\ \times\ 8\ 7 \\ \hline \end{array} \qquad \begin{array}{r} 9\ \square \\ \times\ 8\ 6 \\ \hline \end{array}$$

따라서 9 다음에 6이, 8 다음에 7이 와야 한다. 즉 96×87=8352가 가장 큰 수이다.

좀 더 일반화하여 생각해 보자.

$$\begin{array}{r} A\ \ B \\ \times\ \ C\ \ D \\ \hline \end{array}$$

가로셈으로 나타내면 다음과 같다.

$$\begin{aligned}&(10A+B)\times(10C+D)\\&=100AC+10AD+10BC+BD\end{aligned}$$

식 $\underline{100AC}+10AD+10BC+BD$에서

A나 C가 가장 큰 수여야 함을 알 수 있다.

따라서 A를 가장 큰 수인 9로 하고 C를 8로 한다면

식 $100AC\times\underline{10AD}\times10BC\times BD$에서

A와 곱해지는 D가 다음으로 큰 수인 7이어야 하고 B는 6이면 된다.

따라서 1부터 9까지의 수를 한 번씩만 사용하여 (두 자리 수)×(두 자리 수)의 값이 가장 큰 식은 다음과 같다.

$$\begin{array}{r} 9\ \ 6 \\ \times\ \ 8\ \ 7 \\ \hline \end{array}$$

그 값은 8352이다.

Tip 계산기를 이용해 다양한 값들의 크기를 쉽게 비교할 수 있다.

도 전 하 기

(1) 1부터 9까지의 수를 한 번씩만 사용하여 (두 자리 수)×(두 자리 수)의 값이 가장 작은 수를 만들어 보자.

$$\begin{array}{r} \square\ \square \\ \times\ \square\ \square \\ \hline \end{array}$$

정답 (1) $13 \times 24 = 312$

1.3 곱해서 가장 큰 수를 만들고 싶어(2)

1부터 9까지의 수를 한 번씩만 사용하여 (세 자리 수)×(두 자리 수)의 값이 가장 큰 수를 만들어 봅시다. □ 안에 어떤 수를 넣어야 합니까?

```
  □ □ □
×   □ □
```

□ 안에 임의의 수를 넣어 직접 계산해 보자.

```
  9 8 7        9 7 5
×   6 5      ×   8 6
```

여러분은 혹시 위의 두 가지 경우를 생각했는가? 어느 경우가 더 큰가? 첫 번째 경우는 64155이고, 두 번째 경우는 83850이다. 그런데 그보다 더 큰 경우도 발견할 수 있다.

```
  8 7 5
×   9 6
```

위의 경우는 84000이다. 무엇이 다른가? 이와 같이 우연히 답을 발견하게 된다면 그 답에 확신이 서겠는가?

좀 더 단순화하여 (두 자리 수)×(한 자리 수)의 경우를 생각해 보자.

$$\begin{array}{r} \square\ \square \\ \times\quad \square \\ \hline \end{array}$$

위의 식에서 가장 큰 수는 어떻게 되겠는가?

자연수 중에서 9, 8, 7을 이용한다는 것은 당연하게 생각될 것이다. 그렇다면 2가지 경우 중 하나일 것이다.

$$\begin{array}{r} 9\ 7 \\ \times\quad 8 \\ \hline \end{array} \qquad \begin{array}{r} 8\ 7 \\ \times\quad 9 \\ \hline \end{array}$$

그리고 그 결과는 776과 783이다.

따라서 확장해서 다음과 같은 식을 만들 수 있을 것이다.

$$\begin{array}{r} 8\ 7\ \square \\ \times\quad 9\ \square \\ \hline \end{array}$$

그렇다면 남은 자연수 중 5와 6을 번갈아 넣어보고 그 크기를 비교하면 될 것이다.

$$\begin{array}{r} 8\ 7\ 5 \\ \times\quad 9\ 6 \\ \hline \end{array} \qquad \begin{array}{r} 8\ 7\ 6 \\ \times\quad 9\ 5 \\ \hline \end{array}$$

그 결과는 84000과 83220이다. 따라서 1부터 9까지의 수를 한 번씩만 사용하여 (세 자리 수)×(두 자리 수)의 값이 가장 큰 수는 84000이다. 그런데 논리적으로 일반화할 필요가 있을 것으로 생각된다.

좀 더 일반화하여 생각해 보자.

$$\begin{array}{r} A \quad B \quad C \\ \times \qquad D \quad E \\ \hline \end{array}$$

가로셈으로 나타내면

$$(100A+10B+C)\times(10D+E)$$
$$=1000AD+100AE+100BD+10BE+10CD+CE$$

식에서 $\underline{1000AD+100AE+100BD}+10BE+\underline{10CD}+CE$

A와 D가 가장 큰 수여야 함을 알 수 있다. 그리고 D가 한 번 더 곱해지는 수이므로 D가 A보다 더 커야 함을 알 수 있다.

따라서 $A=8$, $D=9$로 넣으면 다음과 같다.

$$\begin{array}{r} 8 \quad B \quad C \\ \times \qquad 9 \quad E \\ \hline \end{array}$$

그리고 $BC\times E=(10B+C)\times E=10BE+CE$에서 B, C, E 중 B와 E가 커야 함을 알 수 있고, E가 한 번 더 곱해지는 수이므로 E가 B보다 더 커야 할 것으로 착각할 수 있다. 그러나 $1000AD+100AE+\underline{100BD}+10BE+10CD+CE$에서 B는 가장 큰 수인 D와 곱해지는 수이므로 B가 그 다음 큰 수여야 한다.
따라서

$$\begin{array}{r} 8 \quad 7 \quad 5 \\ \times \qquad 9 \quad 6 \\ \hline \end{array}$$

이고, 그 값은 84000이다.

Tip 계산기를 이용해 다양한 값들의 크기를 쉽게 비교할 수 있다.

도 전 하 기

(1) 1부터 9까지의 수를 한 번씩만 사용하여 (세 자리 수) × (두 자리 수)의 값이 가장 작은 수를 만들어 보자.

$$\begin{array}{r} \square\ \square\ \square \\ \times\quad\ \square\ \square \\ \hline \end{array}$$

정답 (1) $245 \times 13 = 3185$

1.4 마법의 계산법

진영이는 수학 시간에 문제를 빨리 풀어서 놀고 있었습니다. 그 모습을 본 선생님은 다음과 같이 아주 복잡한 곱셈 문제를 내주셨습니다. 다음 곱셈 문제를 해결해 봅시다.

$$333333333 \times 999999999 =$$

직접 세로셈으로 구해 보자. 자릿수가 너무 많아서 힘드네.

$$\begin{array}{r} 333333333 \\ \times\ 999999999 \\ \hline \cdots 997 \end{array}$$

자릿수가 많아서 곱하기 힘드니 수를 간단히 하여 규칙을 찾아보자.

$$3 \times 9 = 27$$

$$33 \times 99 = 3267$$

$$333 \times 999 = 332667$$

$$3333 \times 9999 = 33326667$$

아, 규칙을 알겠다.

$$333333333 \times 999999999 = 333333332666666667$$

왜 이렇게 답이 나오는지 알아보자.

곱하는 수 9를 $10-1$로 생각하면

$$3\times9=3\times(10-1)=(3\times10)-(3\times1)=30-3=27$$

$$33\times99=33\times(100-1)=(33\times100)-(33\times1)=3300-33=3267$$

$$333\times999=333(1000-1)=(333\times1000)-(333\times1)=333000-333=332667$$

$$\vdots$$

$$\begin{aligned}333333333\times999999999&=333333333\times(1000000000-1)\\&=(333333333\times1000000000)-(333333333\times1)\\&=333333333000000000-333333333\\&=333333332666666667\end{aligned}$$

도 전 하 기

(1) 다음 곱셈 문제를 해결해 보자.

① 555555555×999999999

② 777777777×999999999

정답 ① 555555554444444445 ② 777777776222222223

1.5 계단 벽의 타일 수를 어떻게 세지?

민이는 2층으로 올라가는 계단 벽에 타일을 붙여 예쁘게 장식하려고 합니다. 첫째 계단에는 1장, 둘째 계단에는 2장, 셋째 계단에는 3장, 넷째 계단에는 4장, …. 모두 20계단으로 되어 있는 계단의 벽을 이와 같이 타일로 예쁘게 붙이려면 모두 몇 장의 타일이 필요합니까?

첫째 계단에는 1장, 둘째 계단에는 2장, 셋째 계단에는 3장, 넷째 계단에는 4장, …, 그러면 필요한 타일의 수는 1부터 20까지 수를 더한 것과 같네. 그런데 1부터 20까지 모두 더하려면 힘이 들겠는걸!! 그래도 언젠가는 할 수 있겠지. 1부터 차례로 더해 보자. $1+2=3$, $3+3=6$, $6+4=10$, …. 아! 계산은 날 귀찮게 하는구나! 언제나 모두 계산해 낼 수 있을지 막막하다.

아~계산을 대신해 주는 로봇이 있다면 좋겠다. 그렇지! 계산을 쉽게 할 수 있는 계산기를 사용해 보자. 그런데 1부터 20까지 더하려니 시간이 많이 드네! 계산기로 이런 문제를 해결한다는 것이 별로 도움이 되지 않는구나. 계산기가 만병통치약은 아니네.

1부터 차례로 더하는 방법 말고, 다른 방법으로 해결할 수 있을 거야! 지난주에 수학 시험을 보고 난 후에 선생님께서 짝 배정을 해 주고, 친구들이 서로 도와서 열심히 공부하도록 했을 때 1등과 36등, 2등과 35등의 등수의 합이 같았었지? 따라서 1과 20을 짝짓고, 2와 19를 짝짓고, 3과 18을 짝짓고, …, 마지막으로 10과 11을 짝지으면 모두 21이 10개이므로 답은 210이다.

$$1+2+3+\cdots+18+19+20$$

가 생각한 아이디어는 좋은데 더해지는 수의 개수가 홀수인 경우에는 불편해. 이를 변형하여 더하는 수를 거꾸로 쓰고, 서로 더해보자. 그러면 각각의 수는 2번 더해졌으므로 2로 나누면 될 것이다.

$$\begin{array}{r} 1+2+3+4+\cdots+18+19+20 \\ +\,\big)\ 20+19+18+17+\cdots+3+2+1 \\ \hline 21+21+21+21+\cdots+21+21+21 \end{array}$$

따라서 $(21\times20)\div2=210$

Tip 가우스는 어린 나이에 1부터 100까지의 자연수의 합을 구하는 문제를 다음과 같이 해결하였다(Wertheimer, 1945). 계단의 벽에 정사각형 판자를 붙이는 것으로 생각하자. 그러면 필요한 정사각형 판자의 수는 1부터 차례로 1씩 커지는 수의 합이 된다. 따라서 계단의 위쪽 면에 가장 큰 수에서 1씩 줄어드는 계단의 벽을 생각하고, 똑같이 판자를 붙인다고 생각하자. 그러면 두 부분에 필요한 판자 전체의 수는 직사각형 모양에 붙일 판자의 수가 되므로, 1부터 차례로 1씩 커지는 수의 합은 직사각형 모양에 붙일 판지의 수의 반이 된다. 이것을 식으로 나타내면 $(101\times100)\div2=5050$으로 간단히 해결된다.

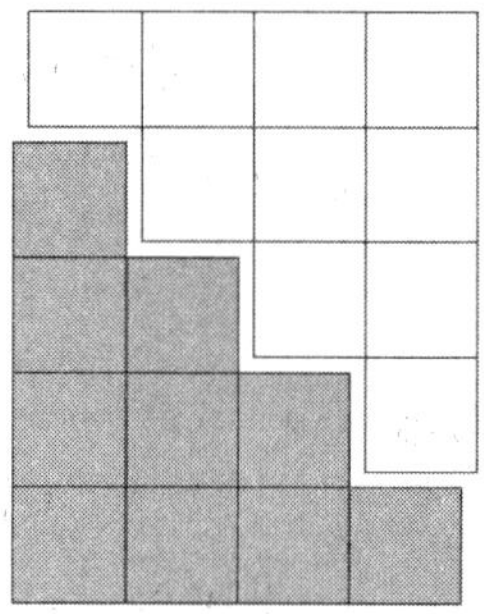

도전하기

(1) 1부터 200까지의 합을 구해 보자.

(2) $1+3+5+7+\cdots+97+99$의 값을 구해 보자.

(3) $2+4+6+8+\cdots+198+200$의 값을 구해 보자.

정답 (1) 20100 (2) 2500 (3) 10100

1.6 좀 더 재치 있게 계산할 수는 없나?

소연초등학교 15명 학생들이 올림피아드 수학경시대회에 참가하였습니다. 그들의 시험 성적이 다음과 같을 때, 총점과 평균은 얼마입니까?

93, 91, 88, 87, 92, 89, 90, 94, 88, 89, 92, 87, 93, 90, 87

순서대로 합을 구해보자.

$$93+91+88+87+92+89+90+94+88+89+92+87+93+90+87=?$$

$$93+91=184$$

$$184+88=272$$

$$272+87=359$$

$$\vdots$$

계산기를 이용해서 더해 보자. 와우, 계산기를 이용해도 꽤나 시간이 걸리겠군.

간단한 방법은 없을까?

100점이 만점인가 보네. 그럼 모두 100점을 맞았다고 생각하면 15명$\times$100$=$1500점이 되네. 이 점수에서 100점에 모자란 점수들의 합을 빼면

$$(100\times15)-(7+9+12+13+8+11+10+6+12+11+8+13+7+10+13)=1350$$

이다.

이 방법은 의 방법보다는 훨씬 편리한 것 같군.

따라서 총점은 1350점, 평균은 $1350\div15=90$, 90점이다.

그런데 학생들의 점수를 살펴보니 15개의 수가 모두 90에 가까워 보이네. 그러므로 90점을 기준으로 남는 점수와 부족한 점수를 이용하여 다음과 같이 구할 수 있을 거야.

$$\begin{aligned}
&93+91+88+87+92+89+90+94+88+89+92+87+93+90+87\\
&=15\times90+(3+1-2-3+2-1+0+4-2-1+2-3+3+0-3)\\
&=15\times90+(3+1+2+4+2+3)-(2+3+1+2+1+3+3)\\
&=15\times90+15-15\\
&=15\times90\\
&=1350
\end{aligned}$$

따라서 총점은 1350점, 평균은 90점이야.

Tip 연속으로 합을 계산하는 문제에서 일일이 덧셈을 하나씩 계산하는 것은 가장 기본적인 방법이다. 그러나 주어진 숫자들 사이의 규칙을 잘 관찰하면 훨씬 쉽고 편리하게 계산할 수 있다. 이와 같이 수학은 삶을 경제적이며 편리하게 만들 수 있다(류정현(역), 2009).

도 전 하 기

(1) 1에서 100까지의 수 중 짝수들의 합에서 홀수들의 합을 뺀 값을 구해 보자.

(2) 51에서 100까지의 수의 합에서 1에서 50까지의 수의 합을 뺀 값을 구해 보자.

정답 (1) 50

$(2+4+6+\cdots+96+98+100)-(1+3+5+\cdots+95+97+99)$

$=(2-1)+(4-3)+(6-5)+\cdots+(98-97)+(100-99)$

$=1+1+1+\cdots+1+1+1$

$=1\times 50$

$=50$

(2) 2500

1.7 어떤 순서가 더 알뜰하지?

즐거운 크리스마스 날, 건우네 식구들은 비싸기로 소문난 스테이크 레스토랑에서 외식을 했습니다. 맛있게 고기를 먹고 난 후, 20만 원이 나온 계산서를 보면서 할인 받을 수 있는 방법을 생각했습니다. A-카드로는 20%를 할인받을 수 있고, B-쿠폰으로는 15%를 할인 받을 수 있는데 건우네 가족은 어떤 순서로 할인받아야 더 경제적입니니까?

나는 A-카드를 먼저 계산하겠어. 금액이 클 때, 더 큰 할인을 받아야 하지 않겠어? 20만 원의 20%는 4만 원이지만, 15%는 3만 원이야. 이것은 오답이다.

아니, 어떤 순서여도 상관없어.

i) A-카드를 먼저 쓸 경우

$$\left(200000\times\frac{80}{100}\right)\times\frac{85}{100}=136000$$

ii) B-쿠폰을 먼저 쓸 경우

$$\left(200000\times\frac{85}{100}\right)\times\frac{80}{100}=136000$$

어차피 곱셈은 교환법칙이 성립하기 때문에 어떤 할인을 먼저 받든지 상관없어.

도 전 하 기

(1) 민솔이는 어머니와 함께 백화점에 가서 졸업식에 입을 예쁜 옷을 사기로 했다. 마음에 드는 옷을 찾아 계산을 하려고 한다. 백화점 세일 기간이라서 옷 가격의 20%는 할인 받을 수 있고, B-카드로는 추가 15%를 할인 받을 수 있다. 그리고 제휴카드로는 세일과 관계없이 정상가의 35%를 할인 받을 수 있다. 그러면 20%와 15%로 두 번 할인 받는 것이 더 이익일까, 아니면 제휴카드로 35% 할인 받는 것이 더 이익일까?

정답 (1) 제휴카드로 35% 할인 받는 것이 더 이익이다.

1.8 주사위 놀이

중국의 소주라는 지역에는 1부터 6까지의 수가 아닌 세 자리 수가 적힌 주사위로 하는 놀이가 있다고 합니다. 이 놀이에서 사용하는 주사위는 우리가 알고 있는 보통 주사위 모양이고, 5개의 주사위를 던져서 나온 수의 합을 빨리 구하는 놀이라고 합니다(성기환 (역), 2008). 각 면에 적힌 수가 아래와 같은 주사위 5개를 동시에 던져서 나온 수가 554, 246, 176, 864, 883일 때 계산기를 사용하지 않고 합을 빠르게 구할 수 있는 방법을 찾아봅시다.

구분	주사위 각 면에 적힌 세 자리 수
1번 주사위	653, 455, 257, 356, 554, 158
2번 주사위	246, 543, 147, 345, 741, 642
3번 주사위	176, 374, 473, 275, 770, 671
4번 주사위	369, 963, 468, 864, 765, 567
5번 주사위	289, 982, 388, 883, 487, 685

10의 보수를 이용하면 다섯 수의 합을 빠르게 구할 수 있어.

- 백의 자리 수 5, 2, 1, 8, 8의 합 : 10이 되는 수 2와 8을 먼저 더하면 10, 나머지 세 수 5, 1, 8을 더하면 14, 그러므로 백의 자리 수의 합은 24이므로 2400이다.
- 십의 자리 수 5, 4, 7, 6, 8의 합 : 10이 되는 수 4와 6을 먼저 더하면 10, 나머지 세 수 5, 7, 8을 더하면 20, 그러므로 십의 자리 수의 합은 30이므로 300이다.
- 일의 자리 수 4, 6, 6, 4, 3의 합 : 10이 되는 수 4와 6, 6과 4를 더하면 20, 거기에 3을 더하면 23이다.

5개의 주사위를 던져서 나온 수의 합은 $2400+300+23=2723$이다.

10의 보수가 되지 않을 때는 의 방법을 사용할 수 없어. 우선 주사위의 각 면에 적힌 숫자들을 살펴보면 아래와 같은 특징이 있어.

구분	백의 자리 수와 일의 자리 수의 합	십의 자리 수
1번 주사위	9	5
2번 주사위	8	4
3번 주사위	7	7
4번 주사위	12	6
5번 주사위	11	8

각 주사위에 적힌 세 자리 수에서 백의 자리 수와 일의 자리 수의 합이 모두 같으니까 백의 자리 수를 일의 자리 수로 바꾸어 쓸 수 있어. 1번 주사위의 일의 자리 수를 ①, 2번 주사위의 일의 자리 수를 ②, 3번 주사위의 일의 자리 수를 ③, 4번 주사위의 일의 자리 수를 ④, 5번 주사위의 일의 자리 수를 ⑤라고 할 때 이것을 이용하여 주사위의 각 면에 쓰인 수를 십진 기수법으로 쓰면 이렇게 쓸 수 있어.

1번 주사위 : 100(9－①)＋50＋①
2번 주사위 : 100(8－②)＋40＋②
3번 주사위 : 100(7－③)＋70＋③
4번 주사위 : 100(12－④)＋60＋④
5번 주사위 : 100(11－⑤)＋80＋⑤

이것을 모두 더하면

4700－100(①＋②＋③＋④＋⑤)＋300＋(①＋②＋③＋④＋⑤)
＝5000－100(①＋②＋③＋④＋⑤)＋(①＋②＋③＋④＋⑤)
＝100{50－(①＋②＋③＋④＋⑤)}＋(①＋②＋③＋④＋⑤)가 되지.

그러니까 각 수의 일의 자리 수들의 합을 구해서 뒤의 두 자리에 쓰고, 50에서 일의 자리 수들의 합을 뺀 수를 앞의 두 자리에 쓰면 돼.
554, 246, 176, 864, 883의 합을 구하려고 할 때 일의 자리 수들의 합은 23이야. 그리고 50에서 23을 빼면 27이니까 다섯 수의 합은 2723이야. 이 5개의 주사위를 동시에 던져서 어떤 수가 나오더라도 같은 방법으로 다섯 수의 합을 빠르게 구할 수 있어.

도 전 하 기

(1) 각 면에 아래와 같이 세 자리 수가 적힌 주사위 5개를 동시에 던져서 나온 수가 546, 753, 962, 874, 885일 때 그 합을 구해 보자.

구분	주사위 각 면에 적힌 세 자리 수
1번 주사위	546, 645, 348, 843, 249, 942
2번 주사위	357, 753, 555, 654, 456, 258
3번 주사위	764, 467, 962, 665, 368, 566
4번 주사위	577, 775, 676, 874, 478, 379
5번 주사위	489, 984, 687, 786, 885, 588

정답 (1) 4020

이 주사위의 경우 앞과 같은 방법으로 해결하면

100{60−(①+②+③+④+⑤)}+(①+②+③+④+⑤)가 된다.

①+②+③+④+⑤=20이므로 합은 4020이다.

02 약수와 배수 탐구하기

수론은 수에 대한 탐구를 하는 수학의 한 부분으로 짝수와 홀수, 소수, 소인수분해, 약수와 배수, 최대공약수와 최소공배수 등은 학교 수학에 다루어지는 전형적인 수론의 내용이다. 고대부터 사람들은 수의 규칙에 흥미를 가지고 탐구를 계속해 왔다. 학생들은 수에 대한 탐구를 통해 어떤 규칙, 추측, 가능성 등을 탐구함으로써 아이디어 발견의 기쁨을 경험할 수 있다.

약수와 배수는 생활 속에서 타일 깔기나 균등하게 분배하기와 같은 활동에 적용된다. 예를 들어 12장의 타일을 모두 이용하여 여러 가지 직사각형의 모양으로 배열을 하면 12의 약수가 어떤 의미인가를 경험할 수 있다. 또 사과 12개를 몇 사람에게 균등하게 나눌 수 있는가를 아는 데에도 약수의 의미가 활용된다. 오래 전 유클리드라는 수학자는 두 수의 최대공약수를 구하는 방법으로 유클리드 호제법(Euclid's algorithm)을 알아내었다.

2.1 약수의 개수가 홀수 개인 수들

25 이하인 수 중에서 약수의 개수가 홀수 개인 수는 어떤 수들입니까?

세로 줄에 있는 수의 배수를 가로 줄에서 찾아 ○를 표시하고, 가로 줄의 각 수의 약수를 찾아, 그 개수를 적어 보자.

	1	2	3	4	5	6	7	8	9	10	11	12	13	14	15	16	17	18	19	20	21	22	23	24	25
1	○	○	○	○	○	○	○	○	○	○	○	○	○	○	○	○	○	○	○	○	○	○	○	○	○
2		○		○		○		○		○		○		○		○		○		○		○		○	
3			○			○			○			○			○			○			○			○	
4				○				○				○				○				○				○	
5					○					○					○					○					
6						○						○						○						○	
7							○							○							○				○
8								○								○								○	
9									○									○							
10										○										○					
11											○											○			
12												○												○	
13													○												
14														○											
15															○										
16																○									
17																	○								
18																		○							
19																			○						
20																				○					
21																					○				
22																						○			
23																							○		
24																								○	
25																									○
개수	1	2	2	3	2	4	2	4	3	4	2	6	2	4	4	5	2	6	2	6	4	4	2	8	3

약수의 개수가 홀수 개인 것을 찾아보면 1, 4, 9, 16, 25이다.

각 수의 모든 약수를 구하여 표로 만들어 보면 다음과 같다.

수	약수	약수의 개수	수	약수	약수의 개수	수	약수	약수의 개수	수	약수	약수의 개수
1	1	1	8	1,2,4,8	4	15	1,3,5,15	4	22	1,2,11,22	4
2	1,2	2	9	1,3,9	3	16	1,2,4,8,16	5	23	1,23	2
3	1,3	2	10	1,2,5,10	4	17	1,17	2	24	1,2,3,4,6,8, 12,24	8
4	1,2,4	3	11	1	1	18	1,2,3,6,9,18	6			
5	1,5	2	12	1,2,3,4,6,12	6	19	1,19	2	25	1,5,25	3
6	1,2,3,6	4	13	1,13	2	20	1,2,4,5,10,20	6			
7	1,7	2	14	1,2,7,14	4	21	1,3,7,21	4			

위의 표에서 약수의 개수가 홀수 개인 것은 1, 4, 9, 16, 25이다.

예를 들어, 24는 곱해서 24가 되는 서로 다른 두 수가 모두 24의 약수이므로 약수의 개수가 2개씩 늘어나지만 25는 5×5에서처럼 같은 수가 2개 있으므로 이 경우 약수의 개수는 1개이다. 따라서 1×1, 2×2, 3×3 , 4×4 등과 같은 제곱수의 경우 약수가 1개씩 늘어나므로 약수의 개수는 홀수 개다. 그러므로 25 이하의 수 중에서 약수의 개수가 홀수 개인 수들은 1, 4, 9, 16, 25이다.

도 전 하 기

(1) 100 이하인 수 중에서 약수의 개수가 홀수 개인 수들을 모두 찾아보자.

정답 (1) 1, 4, 9, 16, 25, 36, 49, 64, 81, 100

2.2 한 변의 길이

직사각형 모양의 초콜릿을 크기가 같은 정사각형으로 빈틈없이 자르려고 합니다. 초콜릿을 가장 큰 정사각형으로 자를 때, 정사각형 한 변의 길이는 얼마입니까?

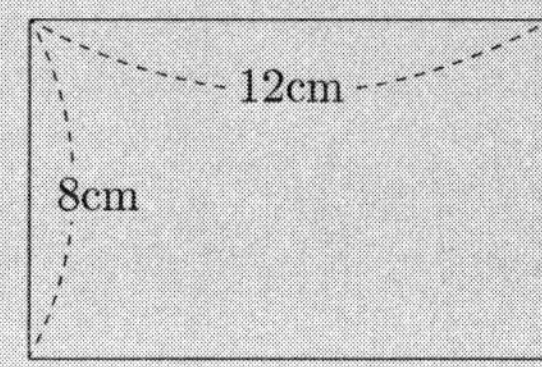

정사각형 한 변의 길이에 따라 만들 수 있는 정사각형의 개수를 찾아보자.

정사각형 한 변의 길이(cm)	1	2	3	4	5	6	7	8	9	10	11	12
가로의 개수	12	6	4	3	×	2	×	×	×	×	×	1
세로의 개수	8	4	×	2	×	×	×	1	×	×	×	×

위의 표에서 가능한 경우 중 정사각형의 한 변의 길이가 가장 큰 것은 4cm이다.

모양과 크기가 같은 정사각형으로 나눠야 하며, 남는 초콜릿이 없어야 하므로 12와 8의 최대공약수를 구하면 된다.

$$\begin{array}{r|rr} 2 & 12 & 8 \\ \hline 2 & 6 & 4 \\ \hline & 3 & 2 \end{array}$$

최대공약수 : $2 \times 2 = 4$

도 전 하 기

(1) 가로 90 cm, 세로 60 cm, 높이 36 cm의 직육면체를 크기가 같은 정육면체로 빈틈없이 채우려고 합니다. 채울 수 있는 가장 큰 정육면체의 한 변의 길이는 얼마일까요?

정답 (1) 6cm

2.3 나는 3의 배수일까?

234가 3의 배수인지 어떤 방법으로 알 수 있습니까?

계산기를 이용하여 234÷3을 하면 몫이 78이고, 나머지가 0이므로 234는 3의 배수가 맞네.

234를 그림으로 나타내어 보면 다음과 같다.

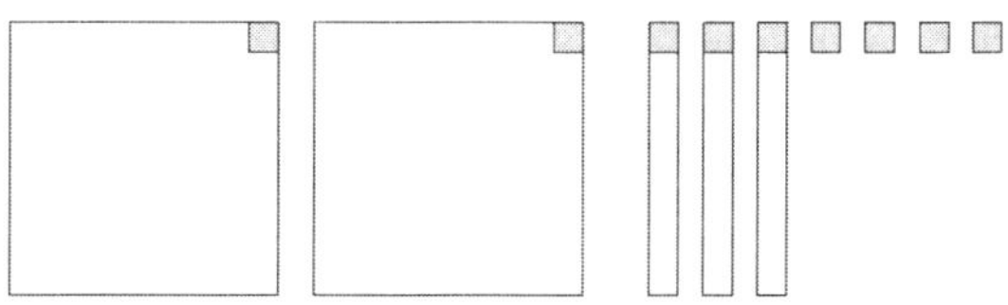

그림에서 3의 배수가 되는 부분인 99, 9를 모두 제거하면 각 자리 수의 합인 2, 3, 4만 남게 된다. 따라서 234가 3의 배수인가를 판정하려면 각 자리 수의 합이 3의 배수인가를 판정하면 된다. $2+3+4=9$이고, 9는 3의 배수이므로 234는 3의 배수이다.

세 자리 수를 abc라고 하면 $abc=100a+10b+c$이다.
$abc=(99+1)a+(9+1)b+c=(99a+9b)+a+b+c$이다. 그런데 $99a+9b$는 3의 배수이므로 각 자리 수의 합인 $a+b+c$가 3의 배수인가를 판정하면 된다.

도 전 하 기

(1) 234가 9의 배수인가를 판정해 보자.

(2) 241이 3과 9의 배수인가를 판정해 보자.

정답 (1) 9의 배수이다. (2) 3의 배수도 아니고 9의 배수도 아니다.

2.4 35의 배수가 되는 경우를 찾아라.

오른쪽과 같이 300부터 400까지의 수를 차례로 연속하는 5개씩 묶어 놓았습니다. ( ) 안의 다섯 개의 수의 합이 35의 배수가 되는 경우를 모두 구해 봅시다.

(300, 301, 302, 303, 304)
(301, 302, 303, 304, 305)
(302, 303, 304, 305, 306)
…
(395, 396, 397, 398, 399)
(396, 397, 398, 399, 400)

다섯 개의 수의 합을 실제로 구해 보자.

다섯 개의 수의 합은 총 97가지의 경우가 있다. 각 경우에서 다섯 개의 수의 합이 35의 배수가 되는지 확인하는 방법이 있다.

(300, 301, 302, 303, 304) $\Rightarrow$ $300+301+302+303+304=1510$, 35의 배수 아님
(301, 302, 303, 304, 305) $\Rightarrow$ $301+302+303+304+305=1515$, 35의 배수 아님
(302, 303, 304, 305, 306) $\Rightarrow$ $302+303+304+305+306=1520$, 35의 배수 아님
(303, 304, 305, 306, 307) $\Rightarrow$ $303+304+305+306+307=1525$, 35의 배수 아님
(304, 305, 306, 307, 308) $\Rightarrow$ $304+305+306+307+308=1530$, 35의 배수 아님
(305, 306, 307, 308, 309) $\Rightarrow$ $305+306+307+308+309=1535$, 35의 배수 아님
(306, 307, 308, 309, 310) $\Rightarrow$ $306+307+308+309+310=1540$, 35의 배수임
⋮

위와 같은 방법으로 35의 배수를 찾을 수 있지만, 시간이 너무 오래 걸린다.

다섯 개의 수의 합에는 어떤 규칙이 있을까?

$35=5\times7$이므로 35의 배수는 5의 배수이면서 동시에 7의 배수인 수이다.

연속한 다섯 개의 수의 합은 (가운데 수$\times$5)와 같다. 따라서 연속한 다섯 개의 수의 합은 모두 5의 배수이다. 그러므로 연속한 다섯 개의 수의 합이 35의 배수

가 되기 위해서는 가운데 수가 7의 배수가 되면 될 것이다.

$$44 \times 7 = 308$$
$$45 \times 7 = 315$$
$$46 \times 7 = 322$$
$$47 \times 7 = 329$$
$$\vdots$$
$$55 \times 7 = 385$$
$$56 \times 7 = 392$$

따라서 이 수들이 가운데 들어가는 연속하는 다섯 개의 수를 찾으면,

(306, 307, 308, 309, 310), (313, 314, 315, 316, 317),
(320, 321, 322, 323, 324), (327, 328, 329, 330, 331),
(334, 335, 336, 337, 338), (341, 342, 343, 344, 345),
(348, 349, 350, 351, 352), (355, 356, 357, 358, 359),
(362, 363, 364, 365, 366), (369, 370, 371, 372, 373),
(376, 377, 378, 379, 380), (383, 384, 385, 386, 387),
(390, 391, 392, 393, 394)

총 13가지의 경우가 있음을 알 수 있다.

Tip (300, 301, 302, 303, 304) 이 수들의 합은 다음과 같이 표현할 수 있다.
$(302-2,\ 302-1,\ 302,\ 302+1,\ 302+2)$
따라서 위의 수들은 합은 $302+302+302+302+302+(-2-1+1+2)$와 같이 나타낼 수 있으며 합은 302×5와 같다.

도 전 하 기

(1) 다음과 같은 규칙으로 300부터 400까지의 수를 차례로 연속하는 5개의 수로 묶어 놓았습니다. ( ) 안의 다섯 개의 수의 합이 55의 배수가 되는 경우를 모두 구해보자.

(300, 301, 302, 303, 304)
(302, 303, 304, 305, 306)
(304, 305, 306, 307, 308)
⋮
(394, 395, 396, 397, 398)
(396, 397, 398, 399, 400)

정답 (1) (306, 307, 308, 309, 310)
(328, 329, 330, 331, 332)
(350, 351, 352, 353, 354)
(372, 373, 374, 375, 376)
(394, 395, 396, 397, 398)

$55=5\times11$이므로 55는 5의 배수이면서 11의 배수인 수이다.

(연속한 다섯 개의 수의 합)=(가운데 수)×5이므로, 연속한 다섯 개의 수의 합은 모두 5의 배수이다. 그러므로 연속한 다섯 개의 수의 합이 55의 배수가 되기 위해서는 가운데 수가 11의 배수가 되면 된다. 또한 묶어놓은 규칙을 살펴보면, 가운데 수가 짝수이어야만 하므로 이런 가운데 수를 찾으면,

$$11\times28=308$$
$$11\times30=330$$
$$11\times32=352$$
$$11\times34=374$$
$$11\times36=396$$

이므로 총 5가지의 경우가 있다.

2.5 2001번째 수

2의 배수도 아니고 3의 배수도 아닌 수 중에 2001번째 수는 무엇입니까?

1, 2, 3, 4, 5, 6, 7, 8, … 를 차례로 나열한 후, 2의 배수와 3의 배수를 지워나가면서 2001번째 수를 찾아본다. 이 방법으로 찾을 수 있지만, 시간이 너무 오래 걸린다.

수들을 3개씩 묶어서 생각해 본다.

(1, ~~2~~, ~~3~~), (~~4~~, 5, ~~6~~), (7, ~~8~~, ~~9~~), (~~10~~, 11, ~~12~~),
(13, ~~14~~, ~~15~~), (~~16~~, 17, ~~18~~), (19, ~~20~~, ~~21~~), …

3개씩 묶인 수의 마지막 수는 3의 배수이므로 마지막 수는 제외한다. 묶음 속 앞 2개의 수는 연속되는 수이기 때문에 짝수가 하나씩 있다. 따라서 두 수 중 짝수가 아닌 수를 찾으면 된다. 2001번째 묶음 첫 번째 수는 $(2000 \times 3 + 1)$부터 시작하면 2001번째 묶음은 (6001, 6002, 6003)이다. 여기서 마지막 수와 짝수를 제외하면 2001번째 수는 6001이다.

도 전 하 기

(1) 2의 배수도 아니고 5의 배수도 아닌 수 중에 2001번째 수는 무엇일까요?

(2) 2의 배수도 아니고 7의 배수도 아닌 수 중에 3001번째 수는 무엇일까요?

정답 (1) 5001

수들을 5개씩 묶어서 생각해 본다.

(1, 2, 3, 4, 5), (6, 7, 8, 9, 10), (11, 12, 13, 14, 15), (16, 17, 18, 19, 20),

(21, 22, 23, 24, 25), (26, 27, 28, 29, 30), (31, 32, 33, 34, 35), …

5개씩 묶인 수의 마지막 수는 5의 배수이므로 마지막 수는 아니다. 묶음 속에서 다른 두 수는 2의 배수이다.

따라서 각 묶음에는 2의 배수도 아니고 5의 배수도 아닌 수가 2개씩 있다.

2000번째 수는 1000번째 묶음에 있으므로 2001번째 오는 수는 1001번째 묶음에서 찾아야 한다. 1001번째 묶음은 (5001, 5002, 5003, 5004, 5005)이므로 짝수와 마지막 수를 제외한 수 중에서 먼저 오는 5001이 2001번째 수이다.

(2) 7001

2.6 동아리 모임이 없는 날

어느 학교에 합창부, 바둑부, 미술부 3개의 동아리가 있습니다. 합창부는 2일에 1번, 바둑부는 3일에 1번, 미술부는 5일에 1번 모입니다. 3월 1일에 모든 동아리가 첫 모임을 가졌습니다. 그 이후에는 각 동아리의 계획에 따라 정확하게 모임을 갖고 있습니다. 4월 30일까지 3개의 동아리가 함께 모임을 갖는 날, 어떤 동아리도 모임을 갖지 않는 날은 각각 며칠입니까?

각 동아리마다 달력으로 표시해 보자. 합창부는 빨강색 ○, 바둑부는 파랑색 △, 미술부는 초록색 ×로 표시하고, 3개의 표시가 모두 모이는 날과 아무 것도 표시되지 않은 날을 세어 보자.

	월	화	수	목	금	토	일
3월					1	2	3
	4	5	6	7	8	9	10
	11	12	13	14	15	16	17
	18	19	20	21	22	23	24
	25	26	27	28	29	30	31
4월	1	2	3	4	5	6	7
	8	9	10	11	12	13	14
	15	16	17	18	19	20	21
	22	23	24	25	26	27	28
	29	30					

3개의 표시가 모두 모이는 일수는 3일이고, 아무 것도 표시되지 않는 일수는 16일이야.

일단 기간이 며칠인지 알아보자.

3월-31일　4월-30일　　총 61일

합창부 : 1, 3, 5, 7, 9, 11 …

바둑부 : 1, 4, 7, 10, 13, 16 …

미술부 : 1, 6, 11, 16, 21, 26 …

그렇다면 모두 모이는 날은 최소공배수를 찾으면 돼. 2, 3, 5의 최소공배수는 30이야. 그러므로 61일 동안 30일째, 60일째 되는 날에 모두 다시 만나게 되지. 즉, 3월 31일과 4월 30일이야. 단, 3월 1일 첫날도 함께 만나니까 총 3번을 함께 만나게 되지.

모임이 없는 날을 찾아보면,

3월에는 2일, 8일, 12일, 14일, 18일, 20일, 24일, 30일로 총 8일.

4월에는 1일, 7일, 11일, 13일, 17일, 19일, 23일, 29일로 총 8일.

모두 16일 동안 모임이 없어.

각 동아리가 함께 모이는 날은 3월 1일 이후 2, 3, 5의 배수 번째의 날과 같아. 그러면 모든 동아리가 모이는 날은 최소공배수를 구하면 쉽게 찾을 수 있어. 세 수의 최소공배수는 30이므로 3월 1일 이후 30번째의 날인 3월 31일이 두 번째로 함께 모임을 갖는 날이야. 그 날로부터 30번째의 날인 4월 30일이 세 번째로 함께 모임을 갖는 날이야.

반면, 어떤 모임도 없는 날은 2, 3, 5의 배수가 아닌 숫자를 찾으면 돼.

전체 61일을 자연수의 배열로 늘어놓았을 때 2, 3, 5의 배수가 아닌 날을 찾으면 3월 1일 이후 1, 7, 11, 13, 17, 19, 23, 29, 31, 37, 41, 43, 47, 49, 53, 59 번째 날이야. 총 16일이야.

도 전 하 기

(1) 크리스마스트리의 전구가 일정 시간 동안 깜빡인다. 빨간 전구는 5초 동안 켜졌다가 4초 동안 꺼지고, 노란 전구는 8초 동안 켜졌다가 7초 동안 꺼진다. 밤 9시에 두 전구를 동시에 켠 다음 한 시간 동안 관찰하였을 때, 두 전구가 동시에 켜져 있던 시간의 합은 몇 초일까요?

답 (1) 1120초

2.7 현명한 포장 회사

수확의 계절을 맞아 A농장과 B농장은 각각 사과를 수확하였습니다. A농장에서는 24개의 파란 사과를, B농장에서는 36개의 빨간 사과를 수확하였습니다. 농장주들은 사과의 상품 가치를 높이고자 P포장회사에 포장할 상자를 주문한 상태입니다. P포장회사 측에서는 두 농장에서 남는 사과를 없게 하면서 가능한 많은 사과를 넣어 팔 수 있는 상자를 제작했을 때 최대의 이익을 남길 수 있다고 합니다. P포장회사에서 최대의 이익을 남길 수 있는 방법을 찾아봅시다.

그림을 그려 해결해 보자.

A농장의 파란 사과 :

B농장의 빨간 사과 :

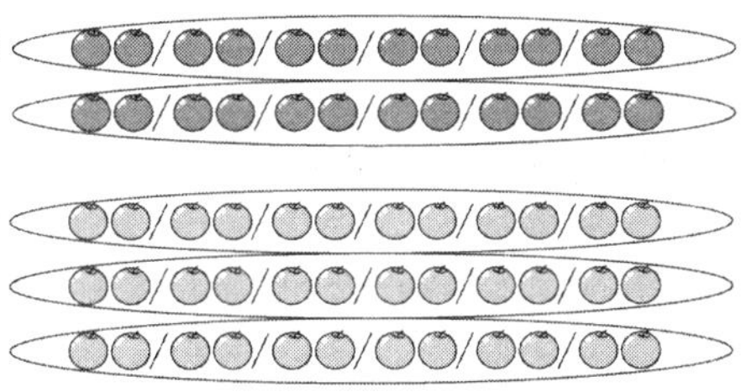

두 농장에서 사과를 남지 않게 하면서 한 상자에 가장 많이 넣을 수 있는 사과의 개수는 12개야.

약수를 구하여 해결해 보자.

24의 약수는 1, 2, 3, 4, 6, 8, 12, 24이고, 36의 약수는 1, 2, 3, 4, 6, 12, 18, 36이므로 24와 36의 공약수는 1, 2, 3, 4, 6, 12임을 알 수 있어. 따라서 한 상자에 12개씩 넣는 것이 가장 합리적이야.

소인수분해를 이용해 보자.

24와 36의 경우

$$24 = 2 \times 2 \times 2 \times 3$$
$$36 = 2 \times 2 \times 3 \times 3$$

약수 중에 최대공약수는 $2\times2\times3=12$이므로 한 상자에 12개가 들어가도록 상자를 만들면 돼.

최대공약수를 더욱 간편하게 구해 보자.

$$\begin{array}{r|rr} 2 & 24 & 36 \\ \hline 2 & 12 & 18 \\ \hline 3 & 6 & 9 \\ \hline & 2 & 3 \end{array}$$

최대공약수가 $(2\times2\times3=12)$이므로 한 상자에 12개가 들어가도록 상자를 만들면 돼.

유클리드 호제법으로 최대공약수를 구해 보자.

24와 36의 경우를 그림으로 나타내면,

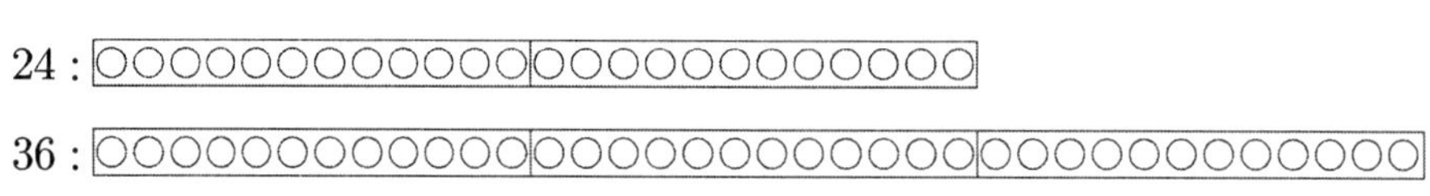

$36=24\times1+12$이다. 24와 12의 경우를 다시 그림으로 나타내면,

24 : ○○○○○○○○○○○○|○○○○○○○○○○○○

12 : ○○○○○○○○○○○○

24와 12의 최대공약수는 12이다.

따라서 36과 24의 최대공약수는 작은 수인 24와, 36을 24로 나누었을 때의 나머지인 12의 최대공약수와 같아.
두 수의 최대공약수는 12이므로 한 상자에 12개가 들어가도록 포장상자를 만들어야 해.

Tip 유클리드 호제법(- 互除法, Euclidean algorithm)이란 $A=BQ+R(0<R<B)$일 때 A와 B의 최대공약수는 B와 R의 최대공약수와 같다는 것이다. 즉, 큰 수와 작은 수의 최대공약수는 작은 수와 나머지(큰 수를 작은 수로 나눌 때)의 최대공약수와 같다는 것이다. 예를 들면 $94=6\times15+4$이므로 94와 6의 최대공약수는 6과 4의 최대공약수인 2이다.

도 전 하 기

(1) 47476과 3328의 최대공약수를 유클리드 호제법으로 구해 보자.

답 (1) 52

2.8 디오판토스의 나이

"인생의 $\frac{1}{6}$은 어린 시절, $\frac{1}{12}$은 청소년 시절, $\frac{1}{7}$은 총각 시절로 보낸 사람이 있다. 그 사람은 결혼한 지 5년 후에 아들을 낳았는데, 아들은 아버지보다 4년 일찍 죽었다. 아들의 수명은 아버지 수명의 $\frac{1}{2}$이었다고 한다. 아버지는 몇 살에 죽었을까?"

위대한 수학자 디오판토스의 묘비에는 위와 같은 비문이 새겨져 있습니다. 비문에 새겨진 문제를 해결하여 디오판토스가 산 나이를 구해 봅시다.

문제에 몇 가지 조건이 있으니, 이를 식으로 표현해 보자. 'x=아버지가 산 나이, y=아버지가 결혼 후 산 나이, z=아들이 산 나이'라고 하면 다음의 식을 얻을 수 있다. $\frac{x}{6}+\frac{x}{12}+\frac{x}{7}+y=x$, $5+z+4=y$, $\frac{x}{2}=z$. 이것을 풀면 아버지의 나이는 84살이다.

인생의 여정은 긴 시간 여행이다. 이를 수직선에 나타내어 해결해 보자. 디오판토스가 산 나이를 x라 하면, 인생의 각 시절과 아들의 나이를 x를 포함한 식으로 나타낼 수 있다. 디오판토스의 인생을 아래와 같이 수직선에 나타내면, 디오판토스의 나이 x에서 아들의 나이를 뺀 나머지의 합이 $\frac{x}{2}$가 됨을 알 수 있다. 즉 $\frac{x}{2}=\left(\frac{1}{6}+\frac{1}{12}+\frac{1}{7}\right)x+(5+4)$이므로 이를 풀면 디오판토스의 나이는 84살이다.

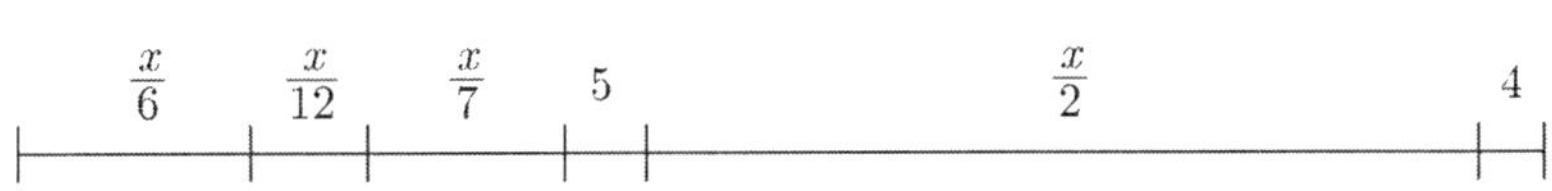

인생의 각 시절을 나타내는 수는 자연수이다. 문제에서는 이 부분을 나타내는 기간이 분수로 표현되어 있으므로 각 시절을 나타낸 분수는 분모의 배수가 되어야 자연수가 될 수 있다. 각 분수의 분모인 6, 12, 7, 2의 최소공배수를 구해보면, 84이다. 각 시절을 나타낸 분수에 이를 곱해보면 어린 시절은 14년, 청소년 시절은 7년, 총각 시절은 12년, 아들의 수명은 42년, 여기에 결혼 후 아들을 낳기 전 5년과 아들이 죽은 후 4년을 더하면 디오판토스의 나이는 84살이다 (Evynck, 1991).

도 전 하 기

(1) "인생의 $\frac{1}{6}$은 시골인 고향에서 학교를 다니고, $\frac{1}{9}$은 도시에서 학교를 다니고, $\frac{1}{10}$은 도시에서 직장 생활을 한 사람이 있다. 직장을 그만 둔 뒤 사업가로서의 성공을 위해 5년간의 준비기간을 가진 후 사업을 시작하여 인생의 $\frac{1}{2}$은 사업가로서 살았는데, 죽기 전 6년은 시골 고향에 돌아와 살았다."고 한다. 이 사람이 산 나이를 구해 보자.

답 (1) 90세

2.9 고장 난 벽시계

경문이 방에는 올바른 벽시계와 고장 난 벽시계가 있습니다. 고장 난 벽시계는 1시간에 10분씩 빨리 갑니다. 방금 경문이가 두 개의 벽시계를 12시로 맞춰 놓았습니다. 두 개의 벽시계가 가리키는 시각이 다시 12시가 되려면 얼마의 시간이 지나야 합니까?

고장 난 벽시계와 올바른 벽시계를 함께 놓고 돌려 보며 해결해 보자. 1시간에 10분씩 차이가 나므로 6시간이 지나면 1시간의 차이가 난다. 72시간이 지나면 이 벽시계는 다시 12시를 가리키게 된다.

표를 그려서 해결해 보자.

바른 벽시계	고장 난 벽시계
12시	12시
1시	1시 10분
2시	2시 20분
⋮	⋮
6시	7시
12시	14시
18시	21시
24시	28시
72시간	84시간 (+12시간)

단순화하여 해결해 보자.

고장 난 벽시계는 6시간마다 1시간씩 빨라진다. 두 벽시계의 차이가 12시간이 되면 벽시계는 다시 12시를 가리키게 되므로 72시간(12×6)이 지나면 고장 난 벽시계는 다시 12시를 가리키게 된다.

식을 세워 해결해 보자.

올바른 벽시계가 60분 지나면 고장 난 벽시계는 70분이 지난다. 그럼 지난 시간을 x라고 할 때, 60분 : 70분 = x시간 : $\frac{7}{6}x$시간으로 생각할 수 있다.

$$x+12=\frac{7}{6}x$$

$$\frac{7}{6}x-x=12$$

$$\frac{1}{6}x=12$$

$$x=72(\text{시간})$$

도 전 하 기

(1) 하루 24시간 동안 분침이 시침을 지나가는 횟수는 몇 번인지 구해보자.

답 (1) 21번

2.10 대각선이 지나는 모눈의 수

모눈종이에서 작은 정사각형 하나하나를 '모눈'이라 합니다. 모눈 4개가 만난 점을 '모눈 점'이라고 합니다. 가로로 m개씩 n줄로 된 모눈종이를 '$m\times n$모눈종이'라고 합시다. 오른쪽 그림과 같이 m과 n 사이에 공약수가 없는 '7×5모눈종이'에 대각선을 그었을 때 대각선이 지나는 모눈의 수와 모눈 점의 개수는 몇 개인지 구해 봅시다.

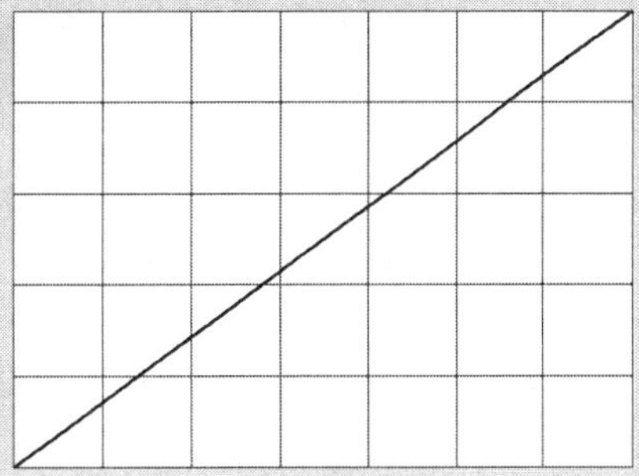

대각선이 지나는 모눈의 개수를 모두 더하면 11개야.

$$1+2+2+1+2+2+1=11$$

그리고 모눈 점은 생기지 않아.

하지만 모눈의 수가 커지면 모두 세기 어려워. 모눈의 수를 간단하게 해서 방법을 생각해 보자.

'3×2모눈종이'와 '2×3모눈종이'[그림 1, 2]

: 대각선이 지나는 모눈의 개수 4개($3\times 2-2\times 1=6-2=4$),

모눈 점의 개수 : 0개

'4×3모눈종이'[그림 3]

: 대각선이 지나는 모눈의 개수 6개($4\times 3-3\times 2=12-6=6$),

모눈 점의 개수 : 0개

'5×3모눈종이'[그림 4]

: 대각선이 지나는 모눈의 개수 7개($5\times 3-4\times 2=15-8=7$),

모눈 점의 개수 : 0개

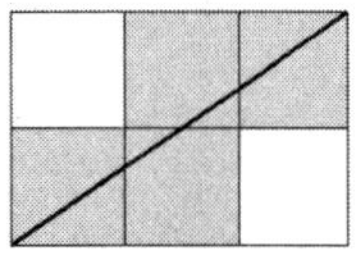

[그림 1]

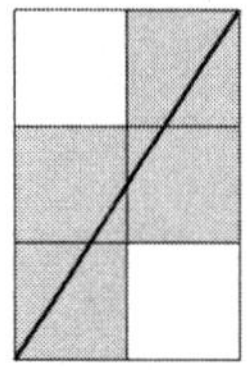

[그림 2]

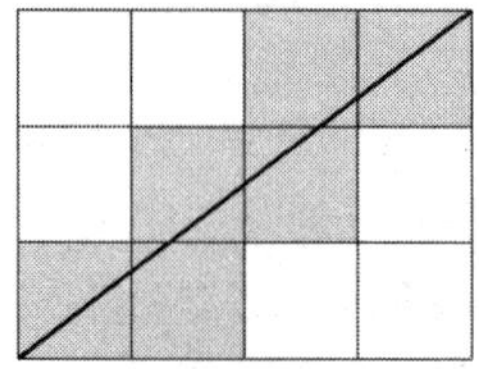

[그림 3]

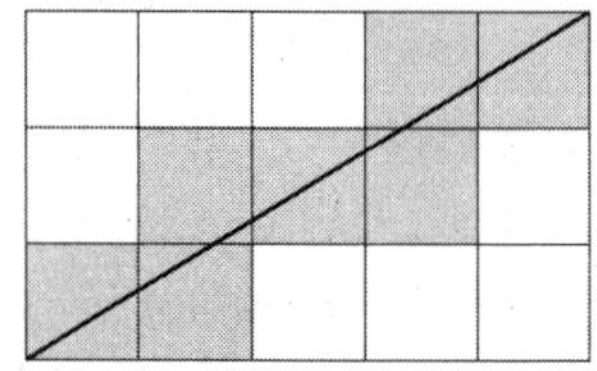

[그림 4]

m과 n 사이에 공약수가 없을 때 '$m \times n$모눈종이'에서 대각선이 지나는 모눈의 개수는 $(m \times n)-(m-1)\times(n-1)$이고, 모눈 점은 생기지 않아.

Tip '8×6모눈종이'에 대각선을 그었을 때 대각선이 지나는 모눈의 수
$=2\times$('4×3모눈종이'에서 대각선이 지나는 모눈의 개수)이고, '2'는 8과 6의 최대공약수이다.
$=2\times6$
$=12$

모눈 점의 개수 : 1개

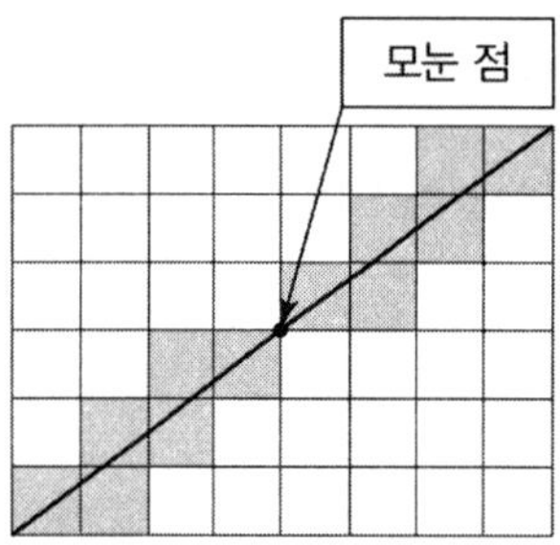

[그림 5]

m과 n사이에 공약수가 있을 때 '$m\times n$모눈종이'에서 대각선이 지나는 모눈의 개수는 (m과 n의 최대공약수)$\times[(m\times n)-(m-1)\times(n-1)]$개이고, 모눈 점의 개수는 ($m$과 n의 최대공약수 -1)개이다(구광조, 라병소, 이강섭, 2008).

도 전 하 기

(1) '15×9모눈종이'에 대각선을 그었을 때 대각선이 지나는 모눈의 수와 모눈 점의 수를 구해 보자.

정답 (1) 대각선이 지나는 모눈의 개수 : 21개, 모눈 점의 개수 : 2개

3×('5×3 모눈종이'에서 대각선이 지나는 모눈의 개수)=3×7=21 (그림 6)

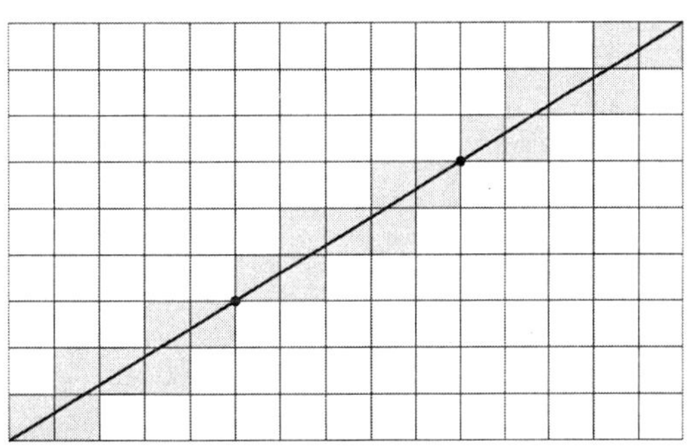

(그림 6)

03 분수와 소수 탐구하기

분수는 전체와 부분 사이의 관계를 표현하기 위하여 만들어졌다. 역사적으로 분수는 기원전 2000년경부터 바빌로니아에서 사용되기 시작하였는데, 측정 상황에서 분수를 이용해야 하는 상황으로부터 유도되었다. 측정의 상황에서 주어진 단위의 자연수 배가 되지 않을 경우에 어려움이 발생하는데, 이 문제를 해결하기 위하여 사람들은 새로운 표현 방법을 고안하기보다는 종전에 사용하던 표현 방법을 이용하고자 하였고, 따라서 주어진 단위를 더 작은 단위로 바꾸어 자연수로 나타낸 것이 분수의 발생 과정이다.

소수는 역사적으로 분수보다 늦게 나타났는데, 분수 중에서 분모가 10^n이 되는 분수의 새로운 표현으로 소수를 생각하게 되었다. 소수에 대한 이론 체계는 스테빈(Stevin, 1548~1620)에 의해 정립되었는데, 이로써 분수와 아라비아 기수법에서의 자리잡기의 원리가 관계를 맺게 되었다.

3.1 얼마나 먹었을까?

영철이는 사과 1개를 둘로 똑같이 나누어 그 중 1조각을 먹은 후, 숙제를 하고 나서 남은 반쪽을 다시 똑같이 둘로 나누어 그 중 1조각을 먹었습니다. 영철이가 먹은 사과의 양은 전체의 얼마인지 구해 봅시다.

영철이가 먹은 사과의 양을 식으로 나타내면 $\frac{1}{2}+\frac{1}{4}$이 된다. 따라서 분모끼리 더하고 분자끼리 더하면 $\frac{1}{2}+\frac{1}{4}=\frac{2}{6}$가 된다. 이것은 오답이다.

$\frac{1}{2}$은 사과 1개를 둘로 똑같이 나눈 것 중 1조각과 같고, $\frac{1}{4}$은 사과 1개를 넷으로 똑같이 나눈 것 중 1조각과 같다. 따라서 영철이가 먹은 사과의 양을 그림으로 나타내면

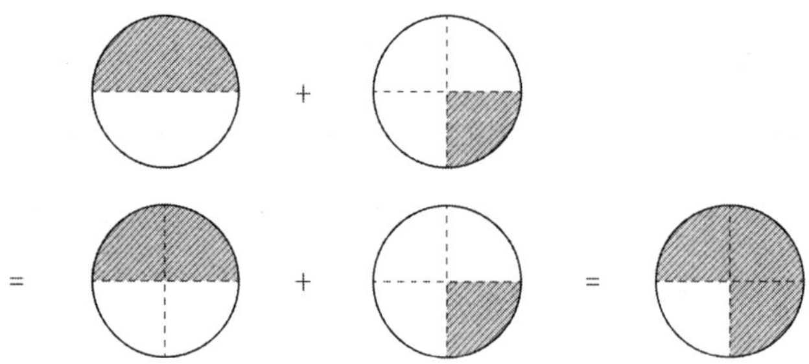

이고, 이를 식으로 나타내면 $\frac{1}{2}+\frac{1}{4}=\frac{2}{4}+\frac{1}{4}$이므로 답은 $\frac{3}{4}$이 된다.

사과 1개를 둘로 똑같이 나눈 것 중 1조각과 남은 반쪽을 똑같이 둘로 나눈 것의 1조각을 식으로 나타내면 $\frac{1}{2}+\frac{1}{4}$이 되는데, $\frac{1}{2}$은 전체를 둘로 나눈 것 중의 하나이고, $\frac{1}{4}$은 전체를 넷으로 나눈 것 중의 한 조각이므로 부분의 크기가 같지 않다. 따라서 부분의 크기를 같게 하면 전체를 둘로 나눈 것 중의 하나는 전체를 넷으로 나눈 것 중의 두 조각과 같으므로 $\frac{1}{2}+\frac{1}{4}=\frac{2}{4}+\frac{1}{4}$이므로 답은 $\frac{3}{4}$이 된다.

Tip 분수에는 여러 가지 의미의 분수가 있다. 먼저, 분수는 똑같은 크기의 부분으로 나눈 전체(분모)에 대한 부분의 수(분자)를 의미하는 등분할의 의미가 있다. 예를 들면, 분수 $\frac{3}{5}$ ()은 전체를 똑같이 5등분하고 그 중에서 3개를 고려한다는 의미이다. 다음으로 분수는 비를 나타낼 수 있다. 예를 들어 비 3 : 5는 분수 $\frac{3}{5}$으로 나타낼 수 있다. 분수의 계산은 원래의 크기에 좌우되기 때문에 등분할 의미에서만 생각한다.

도전하기

(1) 다음 분수의 덧셈을 해 보자.

① $\frac{2}{3}+\frac{3}{4}$

② $\frac{3}{4}+\frac{5}{6}$

정답 ① $1\frac{5}{12}$ ② $1\frac{7}{12}$

3.2 변해라 분수야!

아메스의 파피루스에는 이집트의 분수 이야기가 나옵니다. 옛날 이집트인들은 분자가 2이고 분모가 3이상인 분수를 $\frac{2}{3}=\frac{1}{2}+\frac{1}{6}$과 같이 분모가 다른 단위분수의 합으로 나타냈습니다. 옛날 이집트인이 되었다고 생각하고 주어진 분수 $\frac{2}{5}$를 단위분수의 합으로 나타내어 봅시다.

분수를 단위분수의 합으로 나타내려면 각각의 단위분수를 모두 쓴 후 더해서 $\frac{2}{5}$가 나오는 단위분수를 찾으면 되지 않을까?

단위분수로는 $\frac{1}{2}$, $\frac{1}{3}$, $\frac{1}{4}$, $\frac{1}{5}$, $\frac{1}{6}$, $\frac{1}{7}$ 등이 있으니까 이 중에서 무작위로 골라 더해서 $\frac{2}{5}$가 나오는 것을 찾으면 되지. 그런데 생각처럼 쉬운 일이 아니네.

$\frac{2}{5}$는 빈대떡 2판을 5명이 똑같은 조건에 똑같이 나누어 먹는다고 생각하면 어떨까? 우선 빈대떡 2판을 가능한 많이 갖도록 하려면 몇 조각으로 나누는 것이 좋을까? 2조각으로 나누면 모두 4조각이 되어 부족하다. 그러면 각각 3등분하면 6조각이 되므로, 각자 1조각($\frac{1}{3}$)씩 가져가면 되겠지. 그리고 남은 1조각을 또 5등분하는 거야. 그럼 처음 1판의 $\frac{1}{15}$에 해당하는 조각을 각자 더 갖게 되는 거야.

$$\frac{2}{5} = \frac{1}{3} + \frac{1}{15}$$

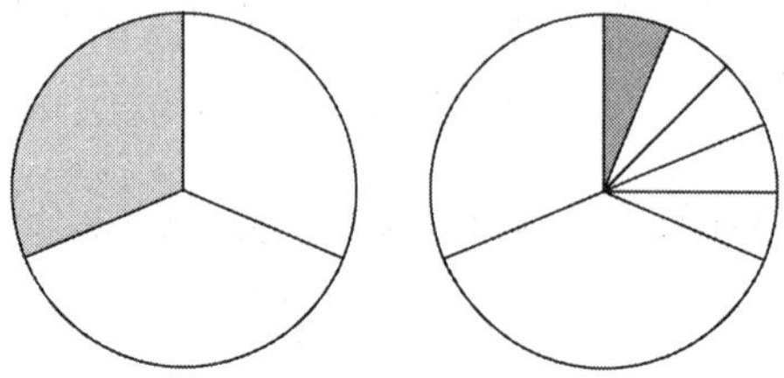

이것을 식으로 나타내면 $\frac{2}{5}=\frac{1}{3}+\frac{1}{15}$이 되는 거야.

$\frac{2}{5}$와 크기가 같은 분수(동치분수)를 각각 구하면 $\frac{4}{10}$, $\frac{6}{15}$, $\frac{8}{20}$, … 등이 된다. 이 분수들 중에서 분자를 1+□의 꼴로 나누었을 때, □를 분모와 약분시켜 단위분수로 나타낼 수 있는 분수를 찾으면 돼. $\frac{4}{10}$는 $\frac{4}{10}=\frac{3}{10}+\frac{1}{10}$로 분모가 다른 단위 분수의 합만으로 나타낼 수 없지만, $\frac{6}{15}$은 $\frac{6}{15}=\frac{5}{15}+\frac{1}{15}=\frac{1}{3}+\frac{1}{15}$이므로 분모가 다른 단위분수의 합만으로 나타낼 수 있어. 따라서 $\frac{2}{5}=\frac{1}{3}+\frac{1}{15}$이다.

Tip 분자가 2이고 분모가 3이상인 분수를 순서대로 분모가 다른 단위분수의 합으로 나타내면 다음과 같다. 그리고 각각의 분수들을 관찰하면 규칙을 발견할 수 있다. 어떤 규칙이 있는지 발견해 보자.

$$\frac{2}{5}=\frac{1}{3}+\frac{1}{15}$$
$$\frac{2}{7}=\frac{1}{4}+\frac{1}{28}$$
$$\frac{2}{9}=\frac{1}{5}+\frac{1}{45}$$

첫 번째 단위 분수의 분모는 원래 분수의 분모에 1을 더하여 2로 나눈 수이고, 두 번째 단위 분수의 분모는 원래 분수의 분모와 첫 번째 단위 분수의 분모와의 곱이 된다는 것을 알 수 있다.

도 전 하 기

(1) $\frac{2}{11}$를 분모가 다른 두 단위분수의 합으로 표현해 보자.

(2) $\frac{3}{9}$을 분모가 서로 다른 세 단위분수의 합으로 표현해 보자.

정답 (1) $\frac{2}{11}=\frac{1}{6}+\frac{1}{66}$ (2) $\frac{3}{9}=\frac{1}{9}+\frac{1}{5}+\frac{1}{45}\left(\frac{3}{9}=\frac{1}{9}+\frac{2}{9}=\frac{1}{9}+\left(\frac{1}{5}+\frac{1}{45}\right)\right)$

3.3 화물선의 도착시간은?

한 시간에 1.2 km의 속력으로 흐르는 강이 있습니다. 흐르지 않는 물에서 1시간 동안 12.36 km의 속력으로 갈 수 있는 화물선이 강물이 흐르는 방향으로 간다면 33.9 km를 가는 데 몇 시간이 걸리는지 소수로 나타내어 봅시다.

강의 속력과 화물선의 속력을 더하면 $1.2+12.36$이므로 이 식을 다음과 같이 끝자리를 맞추어 세로셈으로 구하면 12.48을 얻는다. 따라서 1시간 동안 화물선이 이동할 수 있는 거리는 12.48 km이다. 따라서 걸린 시간은 $33.9 \div 12.48$을 하면 되겠군. 이것은 오답이다.

$$\begin{array}{r} 1.2 \\ +\ 12.36 \\ \hline 12.48 \end{array}$$

1시간 동안 화물선이 이동할 수 있는 거리는 $1.2+12.36$인데, 이를 분수로 나타내면 $\frac{12}{10}+\frac{1236}{100}$이다. 그리고 $\frac{12}{10}+\frac{1236}{100}=\frac{120}{100}+\frac{1236}{100}=\frac{1356}{100}$이므로 이를 소수로 나타내면 13.56이다. 따라서 1시간 동안 화물선이 이동할 수 있는 거리는 13.56 km이다. 그러므로 걸린 시간은 $33.9 \div 13.56=2.5$이므로 2.5시간이다.

1시간 동안 화물선이 이동할 수 있는 거리는 $1.2+12.36=1.20+12.36$이고, 이를 세로셈으로 구하면 13.56 km이다.

$$
\begin{array}{r}
1.20 \\
+\ 12.36 \\
\hline
13.56
\end{array}
$$

위와 같이 소수의 덧셈에서는 각 자릿값에 맞게 수를 맞추어 계산하도록 한다. 그러므로 걸린 시간은 $33.9 \div 13.56 = 2.5$이므로 2.5시간이다.

Tip 아래 그림과 같이 0.2는 1을 10으로 나눈 것 중에 2이고, 0.20은 1을 100으로 나눈 것 중에 20이므로 0.2=0.20이다.

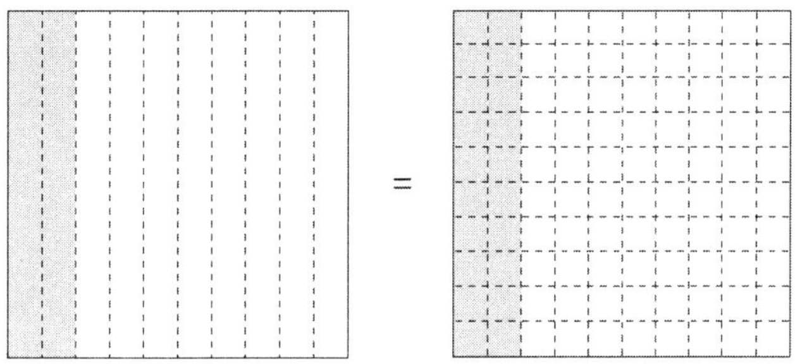

0.2　　　0.20

도 전 하 기

(1) 한 시간에 8.2 km의 속력으로 흐르는 강이 있습니다. 흐르지 않는 물에서 1시간 동안 11.4 km를 갈 수 있는 어선이 강이 흐르는 방향과 반대로 간다면 16.64 km를 가는 데 몇 시간이 걸리는지 소수로 나타내어 보자.

정답 (1) 5.2시간

3.4 가로수 길에 나무심기

둘레가 0.2 km인 호수에 버드나무와 복숭아나무가 0.004 km 간격으로 번갈아 심어져 있습니다. 호수 둘레에 버드나무와 복숭아나무는 각각 몇 그루씩 심어져 있습니까?

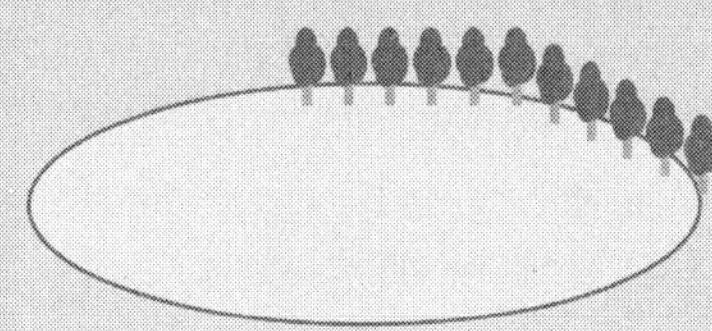

그림을 그려 해결해 볼까?

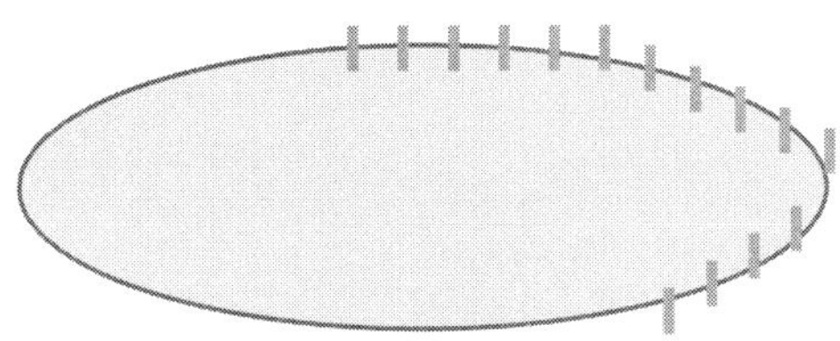

그림으로 나타내려니 너무 힘드네.

단순화해 보면 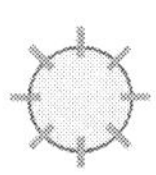

처음 나무와 끝의 나무가 이웃하므로 나무의 수와 간격의 수가 같다는 것을 알 수 있다. 따라서 식을 세워보면, 호수의 둘레에 심은 복숭아나무와 버드나무의 수는 $0.2 \div 0.004 = 50$(그루)이다. 그런데 버드나무와 복숭아나무가 번갈아 있으므로 복숭아나무의 수와 버드나무의 수는 같다. 그러므로 각각 $50 \div 2 = 25$(그루)이다.

Tip 위와 같은 문제를 '나무심기 문제'라고 한다. 보통, 나무 심기 문제는 전체 거리와 나무 사이의 간격과 나무의 수가 서로 관계 지어져 있다. 또, 이런 문제는 나무를 심을 때 처음 나무와 끝의 나무가 어떻게 심어지게 되는지 문맥을 통해 확실히 이해해야 한다.

도 전 하 기

(1) 목장에 둘레가 86.84 m인 직사각형 모양의 울타리가 있다. 이 울타리에 1.67 m의 간격으로 말뚝을 박으려고 한다. 말뚝은 몇 개 박아야 할지 구해 보자.

(2) 8.040 km의 가로수 길의 시작 지점부터 0.008 km 간격으로 버드나무를 심고, 두 버드나무 사이에 2 m 간격으로 복숭아나무를 심기로 하였다. 가로수 길 양쪽에 똑같이 나무를 심는다면 버드나무와 복숭아나무는 각각 몇 그루씩 심어야 할지 구해 보자.

정답 (1) 52개 (2) 버드나무 : 2012그루, 복숭아나무 : 6030그루

3.5 몸무게 구하기

환이의 몸무게는 30 kg에 자기 몸무게의 $\frac{1}{4}$을 더한 것과 같다고 합니다. 환이의 몸무게는 몇 kg인지 구해봅시다.

그림을 그려 나타내어 보자.

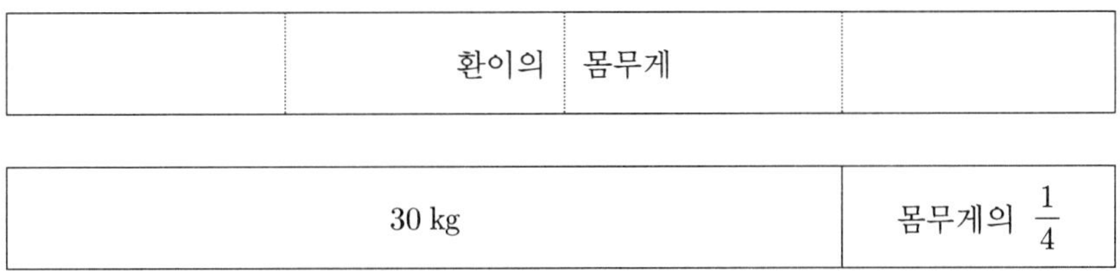

30 kg이 환이의 몸무게의 $\frac{3}{4}$에 해당하므로 환이의 몸무게는 40 kg이 된다.

식으로 세워 문제를 해결해 보자. 먼저 환이의 몸무게를 x라고 하면 다음의 식 $30+\frac{1}{4}x=x$를 얻을 수 있다. 이 식을 풀면 환이의 몸무게는 40 kg이 된다.

도 전 하 기

(1) 경민이는 민정이가 가지고 있는 돈의 3배의 돈을 가지고 있다. 두 사람이 가지고 있는 돈을 더하면 16000원이다. 경민이와 민정이가 가지고 있는 돈은 각각 얼마일지 구해 보자.

(2) 세 사람 갑, 을, 병이 24000원을 나누어 가지려고 한다. 갑은 을의 2배를, 병은 을의 3배를 가질 때 세 사람이 가지게 되는 돈은 각각 얼마일지 구해 보자.

정답 (1) 경민 : 12000원, 민정 : 4000원 (2) 갑 : 8000원, 을 : 4000원, 병 : 12000원

3.6 물병의 개수 구하기

영수는 3 L의 물을 가지고 있습니다. 이 물을 $\frac{3}{4}$ L의 물병에 나누어 담으려고 합니다. 모두 몇 개의 물병이 필요한지 구해 봅시다.

그림을 그려 3 L의 물올 $\frac{3}{4}$ L씩 나누어 본다. 그러면 아래 그림과 같이 모두 4 개의 물병이 필요하다.

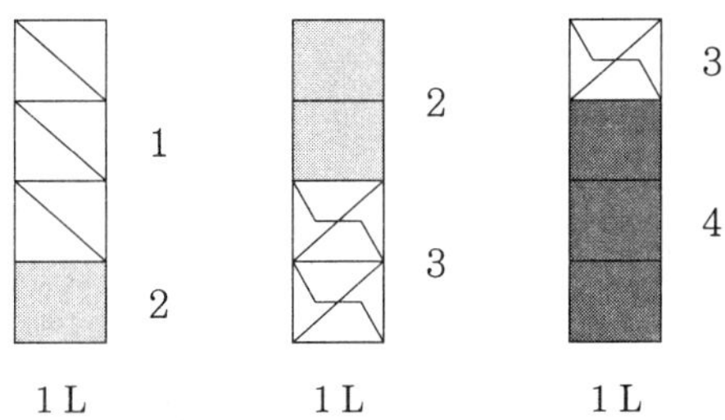

3 L의 물을 $\frac{3}{4}$ L씩 나누어야 하므로 3 L에서 $\frac{3}{4}$ L씩 계속하여 뺀 다음, 뺀 횟수를 세어본다. 즉,

$$3-\frac{3}{4}=2\frac{1}{4},\ 2\frac{1}{4}-\frac{3}{4}=1\frac{2}{4},\ 1\frac{2}{4}-\frac{3}{4}=\frac{3}{4},\ \frac{3}{4}-\frac{3}{4}=0$$

따라서 모두 4개의 물병이 필요하다.

3 L의 물을 $\frac{3}{4}$ L씩 나누어야 하므로 분배의 의미로 생각하여 1 L를 4개의 부분으로 나누면 3 L $= \frac{12}{4}$ L가 된다. 따라서 $\frac{12}{4}$를 $\frac{3}{4}$으로 나누면 $12 \div 3 = 4$가 된다. 이를 식으로 나타내면 다음과 같다.

$$3 \div \frac{3}{4} = \frac{12}{4} \div \frac{3}{4} = 12 \div 3 = 4$$

주어진 문제를 식으로 표현하면 $3 \div \frac{3}{4} = \square$이다. 이 식에서 곱셈과 나눗셈의 역연산 관계를 이용하면 $3 \div \frac{3}{4} = \square \leftrightarrow 3 = \square \times \frac{3}{4}$이다. $3 = \square \times \frac{3}{4}$의 양변에 $\frac{4}{3}$를 곱하면 $3 \times \frac{4}{3} = \square \times \frac{\cancel{3}}{\cancel{4}} \times \frac{\cancel{4}}{\cancel{3}}$이다. 따라서 $3 \div \frac{3}{4} = 3 \times \frac{4}{3} = 4$이다.

주어진 문제를 식으로 표현하면 $3 \div \frac{3}{4}$을 구하는 것이다. 따라서 $3 \div \frac{3}{4} = 3 \times \frac{4}{3} = 4$이다.

Tip 분수 나눗셈에서 역수곱하기의 알고리즘의 근거는 아래 식과 같다. 학생들이 역수곱하기의 알고리즘의 근거를 이해하기 위해서는 번분수식에 대한 이해가 필요하다.

$$3 \div \frac{3}{4} = \frac{3}{1} \div \frac{3}{4} = \frac{\frac{3}{1}}{\frac{3}{4}} = \frac{\frac{3}{1} \times \frac{4}{3}}{\frac{3}{4} \times \frac{4}{3}} = \frac{\frac{3}{1} \times \frac{4}{3}}{1} = \frac{3}{1} \times \frac{4}{3} = 4$$

도 전 하 기

(1) 분수 나눗셈 $\frac{2}{3} \div \frac{1}{6}$에 알맞은 문장제를 2개 만들고, 분모를 같게 만들어 해결해 보자.

정답 (1) ① $\frac{2}{3}$m의 끈을 $\frac{1}{6}$m씩 자르면 몇 도막이 되는지 구하시오.

② 넓이가 $\frac{2}{3}$m^{2}인 직사각형 모양의 땅의 가로의 길이가 $\frac{1}{6}$m입니다. 세로의 길이를 구하시오.

③ $\frac{2}{3} \div \frac{1}{6} = \frac{4}{6} \div \frac{1}{6} = 4 \div 1 = 4$

3.7 내 땅의 넓이는?

가로의 길이가 0.3 km이고, 세로의 길이가 0.5 km인 직사각형 모양의 땅이 있습니다. 직사각형 모양의 땅의 넓이를 구해 봅시다.

직사각형 모양의 땅이므로 넓이는 (가로의 길이)×(세로의 길이)이다. 따라서 땅의 넓이는 0.3×0.5이고, 이를 계산하면 0.3의 반이므로 0.15 km^2가 된다.

십진블록을 이용하여 해결해 보자. 막대블록을 0.1, 단위블록을 0.01이라 하면 0.3은 막대블록 3개로 표현할 수 있다. 각 막대블록의 0.5배를 선택하고 이를 다시 묶으면 0.15가 된다. 따라서 직사각형 모양의 땅의 넓이는 0.15 km^2가 된다.

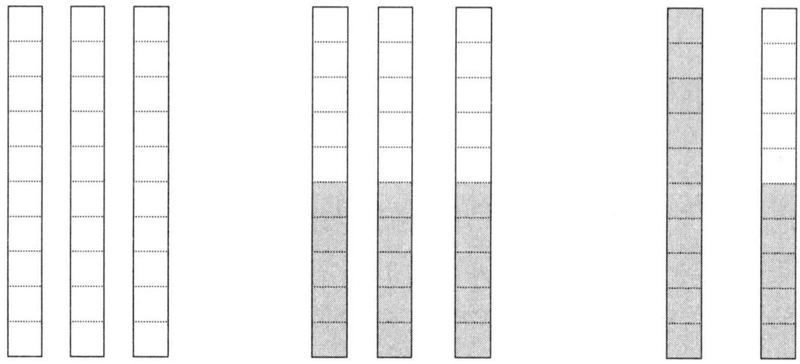

1단계 2단계 3단계

직사각형의 땅의 넓이를 구하는 것이므로 직사각형의 넓이 모델을 이용해 보자.

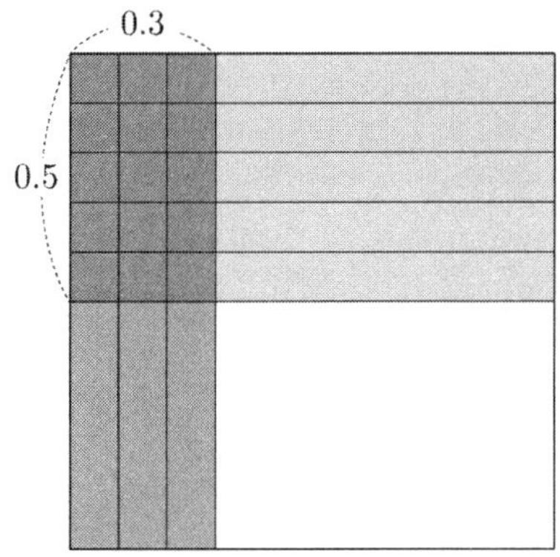

판블록을 1, 막대블록을 0.1, 단위블록을 0.01이라 하자. 그리고 가로에 0.3을, 세로에 0.5를 나타내고 곱을 구하면 단위블록 15개가 된다. 따라서 직사각형 모양의 땅의 넓이는 0.15 km^2가 된다.

소수를 분수로 바꾸어 계산해 보자. 그러면 $0.3 \times 0.5 = \frac{3}{10} \times \frac{5}{10} = \frac{15}{100} = 0.15$이다. 따라서 직사각형 모양의 땅의 넓이는 0.15 km^2가 된다.

소수의 곱셈을 자연수의 곱으로 계산하고 그 결과에 소수점을 붙여보자. 즉 $3 \times 5 = 15$에 소수점 0.01을 취하여 0.15를 구한다. 따라서 직사각형 모양의 땅의 넓이는 0.15 km^2가 된다.

도 전 하 기

(1) 1.2×0.8을 직사각형의 넓이 모델을 이용하여 해결해 보자.

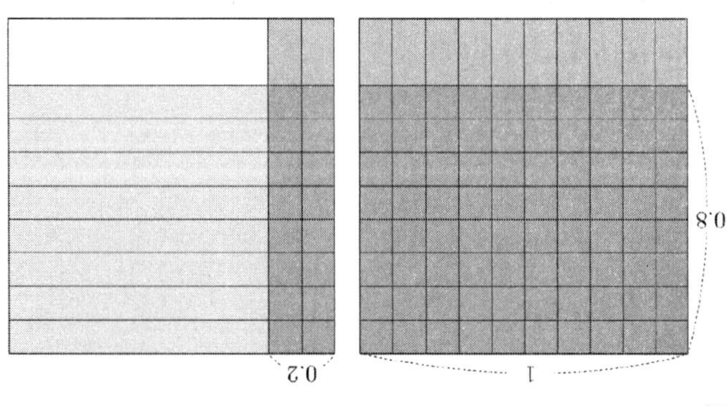

정답 (1) 0.96

3.8 공동 부엌

어느 집에 제일이네, 송이네, 세영이네 세 가족이 모여 살고 있습니다. 이 세 가족은 공동으로 부엌을 쓰고 있습니다. 제일이 어머니는 저녁을 하기 위해 3개의 장작을 사왔고 송이 어머니는 장작 5개를 준비했습니다. 그런데 세영이 어머니는 장작을 미처 준비하지 못했습니다. 그렇지만 세 어머니는 장작 8개로 지핀 불로 사이좋게 같이 저녁을 준비했습니다.
세 가족 모두 저녁을 먹고 난 후, 세영이 어머니는 장작의 댓가로 8천 원을 두 사람에게 주었습니다. 제일이 어머니와, 송이 어머니는 8천 원을 어떻게 나누어야 가져야 합니까?

4천 원, 4천 원씩 절반으로 나누어야지요. 두 사람이 지핀 불을 똑같이 사용했잖아요. 이것은 오답이다.

아궁이에 들어간 장작의 개수가 다르잖아. 장작 개수의 비율이 3 : 5니까, 8천 원을 3 : 5로 비례배분해서 제일이 어머니는 3천 원, 송이 어머니는 5천 원을 가져야 공평하지요. 이것은 오답이다.

불을 지피기 위해 세 사람이 지불해야 할 비용은 세영이 어머니가 지불한 금액인 8,000원의 3배인 24,000원이 되어야 한다. 따라서 24,000으로 두 사람이 구입한 장작 8개의 가치를 계산하면 장작 하나의 가치는 3,000원이 된다. 그런데 제일이 어머니가 준비한 장작 3개는 9,000원의 가치를 가지고 있으나, 8,000원만큼의 불을 썼으므로 1,000원을 받아야 한다.
송이 어머니도 장작 5개를 준비했으므로 15,000원의 가치가 있으나, 8,000원만큼의 불을 썼으므로 7,000원을 받아야 한다(임나탈리아 (역), 2007).

도 전 하 기

(1) 제일이네, 송이네, 세영이네, 그리고 이사 온 시연이네가 떡을 만들어 먹기로 하였다. 제일이 어머니는 쌀을 3 kg, 송이네 어머니는 쌀을 4 kg, 세영이네 어머니는 쌀을 5 kg을 가져왔다. 그런데 이사 온 시연이 어머니는 미처 쌀을 준비하지 못하였다. 하지만 떡을 만들어 네 집이 똑같이 나누어 가졌다. 떡을 먹고 난 후, 시연이 어머니는 떡을 만들어 먹는 데 필요한 비용을 네 사람이 똑같이 분담하려고 9,000원을 냈다. 이 돈을 어떻게 나누어야 할지 구해 보자.

정답 (1) 제일이네 : 0원, 송이네 : 3000원, 세영이네 : 6,000원

3.9 소득 분배하기

경이와 민이는 3 : 2의 비로 사업에 투자를 하여 15만 원의 이익을 냈습니다. 경이와 민이는 이익금을 어떻게 나누어 가져야 하는지 구해 봅시다.

15만 원을 15개의 바둑돌로 표현하고, 경이와 민이에게 각각 3개와 2개씩 직접 분배해 본다. 그러면 경이는 9개, 민이는 6개가 되므로 경이는 9만 원, 민이는 6만 원을 가지면 된다.

15만 원을 3 : 2로 나누는 것을 아래 그림처럼 수직선으로 나타내어 구해 보자.

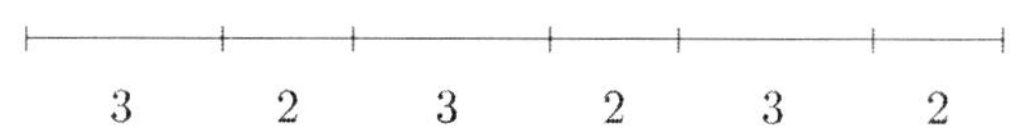

그러면 경이는 9칸, 민이는 6칸이 되므로 경이는 9만 원, 민이는 6만 원을 가지면 된다.

경이는 5개 중의 3개, 민이는 5개 중의 2개를 가지는 것이므로 이를 식으로 나타내면 다음과 같다.

$$\text{경이} : 15\times\frac{3}{3+2}=15\times\frac{3}{5}=9$$

$$\text{민이} : 15\times\frac{2}{3+2}=15\times\frac{2}{5}=6$$

따라서 경이는 9만 원, 민이는 6만 원을 가지면 된다.

Tip 전체를 주어진 비로 배분하는 것을 비례배분이라고 한다. 비례배분 문제는 구체물을 이용하여 직접 배분을 하거나, 그림이나 도표를 이용하여 상황에 맞게 배분하거나, 식으로 구할 수도 있다.

도 전 하 기

(1) 36을 4 : 5로 비례배분해 보자.

정답 (1) 16, 20

3.10 비례문제 해결하기

3개에 5천 원인 볼펜이 있습니다. 민이가 이 볼펜을 9개 산다면 얼마의 돈이 필요한지 구해 봅시다.

문제 상황을 그림으로 그려서 해결해 보자.

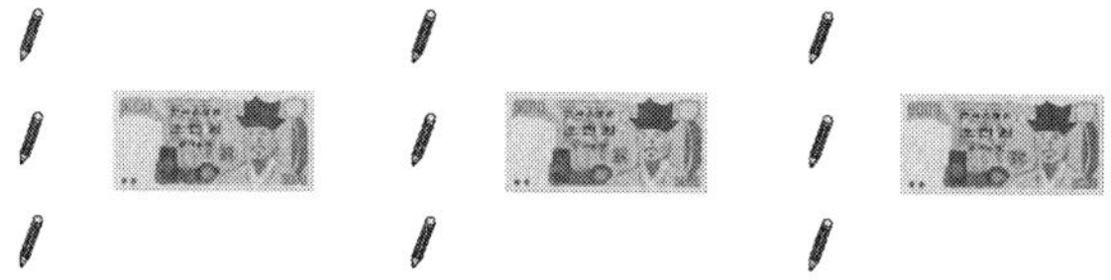

3개에 5천 원이고 3개가 추가될 때마다 5천 원을 추가하면 볼펜 9개를 사는 데 1만 5천 원이 필요하다는 것을 알 수 있다.

3개=5천 원, 9개=□천 원이라 하면, 3개에서 9개로 증가하는데 3배가 되었으므로 5천 원의 3배가 되어야 할 것이다. 따라서 $5\times3=15$이므로 1만 5천 원이 필요하다는 것을 알 수 있다.

주어진 문제 상황을 비례식으로 나타내면 다음과 같은 식을 얻는다.

$$3 : 5 = 9 : \square$$

비례식에서 내항끼리의 곱과 외항끼리의 곱은 같으므로 $3\times\square 5\times9$에서 $\square=15$이다. 따라서 볼펜 9개를 사는 데 1만 5천 원이 필요하다는 것을 알 수 있다.

도 전 하 기

(1) 파이 3개를 만드는 데 밀가루가 5컵이 필요하다고 한다. 파이 7개를 만들려면 밀가루가 얼마만큼 필요한지 구해 보자.

정답 (1) $11\frac{2}{3}$컵

04 전략 탐구하기

'문제를 어떻게 해결할 수 있을까'라는 물음에서 중요하게 다루어지는 것이 발견술(heuristic)과 전략(strategy)이다. 문제의 풀이 방법을 발견하기 위한 발견술 가운데 거꾸로 풀기 전략으로 답을 찾는 분석법(analysis)이 있고, 참인 것으로 가정된 명제로부터 출발하여 마지막에 요구하는 명제에 도달하는 연역 과정인 종합법이 있다. 분석법은 기원전 3세기 경 수학자 Pappus에 의해 체계적으로 정리되었는데, 유클리드 원론(Euclid' Element)의 출현으로 수학에서는 종합법적 문제해결 전략이 지배적이 되었다.

문제해결에서 문제해결자들은 발견술과 문제해결 전략을 익힘으로써 친숙하지 않은 문제에도 발견술과 전략을 사용하여 문제를 해결할 수 있어야 한다. 일반적으로 전략은 문제의 해에 이르는 길을 안내한다. 문제해결력을 신장시키기 위해서는 문제의 특성에 따라 어떤 전략을 어떻게 활용하는지를 알아야 한다. 따라서 학생들은 어려서부터 다양한 문제 상황에 직면하여 문제해결 전략의 필요성을 인식하고, 문제를 해결하는 과정 속에서 문제해결 전략을 구사하는 경험을 하는 것이 중요하다.

4.1 토끼와 닭의 다리 수

우리에 토끼와 닭이 10마리 있습니다. 그런데 다리의 수를 세어 보았더니 모두 34개였습니다. 토끼와 닭은 각각 몇 마리인지 구해봅시다.

토끼와 닭의 수를 예상하고 토끼와 닭의 다리의 수를 확인해 보자.
토끼와 닭이 각각 5마리씩이라고 생각하고 다리의 수를 구해보면, 다리의 수는 30개가 된다. 다시 토끼를 6마리, 닭을 4마리라고 하면 다리의 수는 32개가 된다. 이번에는 토끼를 7마리, 닭을 3마리라고 하면 다리의 수는 34개가 된다. 따라서 토끼는 7마리, 닭은 3마리이다.
이 과정을 표로 정리하면 아래와 같다.

토끼의 수	5	6	7	8
닭의 수	5	4	3	2
토끼 다리의 수	20	24	28	32
닭의 다리의 수	10	8	6	4
다리 수의 합	30	32	34	36

10마리가 모두 닭이라고 가정하고 토끼와 닭을 간단한 그림으로 표현해 보자.
먼저 10마리의 닭에 다리를 2개씩 붙이면 다리의 수는 모두 20개이다. 이제 34개의 다리 중 남은 14개를 아래 그림과 같이 2개씩 더 붙이면 다리가 4개인 동물은 7마리, 두 개인 동물은 3마리이다. 따라서 토끼는 7마리, 닭은 3마리이다.

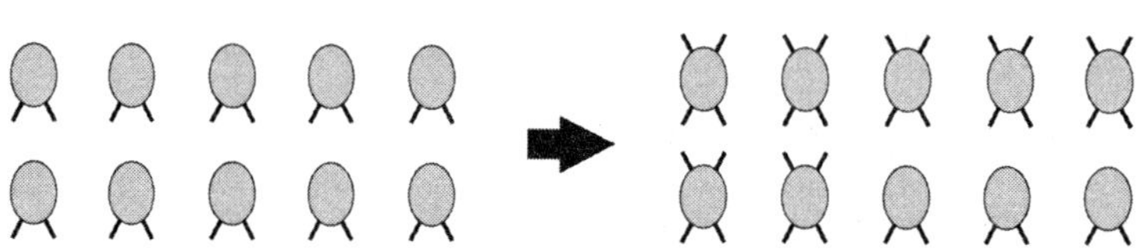

10마리가 모두 토끼라고 가정해 보자. 그러면 다리의 수는 40개가 된다. 그런데 모든 다리의 수는 34개이므로 6개가 남는다. 이것은 토끼 10마리 중 3마리가 더 많아 다리가 2개씩 6개가 남기 때문이다. 따라서 토끼는 7마리, 닭은 3마리이다.

Tip 이와 같은 문제는 토끼의 수를 x, 닭의 수를 y라고 하고, 식을 세우면 $x+y=10$, $4x+2y=34$라는 식을 얻을 수 있다.
이를 풀면

$$\begin{aligned} x+\ \ y&=10 \\ 4x+2y&=34 \end{aligned} \quad\Rightarrow\quad \begin{array}{r} 4x+4y=40 \\ -)\ \ 4x+2y=34 \\ \hline 2y=6 \end{array} \qquad \therefore\ y=3$$

따라서 $x+y=10$에 $y=3$을 대입하면 $x+3=10$으로 $x=7$을 얻는다.

도 전 하 기

(1) 토끼와 오리가 모두 13마리가 있는데, 모든 다리는 34개였다. 토끼와 오리의 수를 구해 보자.

(2) 공원에는 두발자전거와 세발자전거가 몇 대 있는데 바퀴는 모두 16개이었다. 공원에 있는 두발자전거와 세발자전거의 수를 각각 구해 보자.

정답 (1) 토끼 : 4마리, 오리 : 9마리 (2) 두발자전거 : 5대, 세발자전거 : 2대, 또는 두발자전거 : 2, 세발자전거 : 4

4.2 무슨 과일을 좋아하니?

성준, 준수, 지아, 민국이가 좋아하는 과일은 귤, 사과, 포도, 배 중 각각 하나입니다.
(a) 성준이는 귤을 좋아한다.
(b) 준수는 사과를 좋아하지 않는다.
(c) 지아는 사과도, 배도 좋아하지 않는다.
네 사람이 좋아하는 과일은 무엇인지 알아봅시다.

하나씩 찍어보자. 네 사람이 각각 다른 과일을 좋아한다고 했으므로 좋아하는 과일은 겹치지 않는다. 귤은 성준이가 좋아하므로 다른 사람들은 좋아하지 않을 것이다. 준수가 좋아하는 과일은 귤, 배, 포도 중 하나이지만, 귤은 성준이가 좋아하므로 제외한다. 지아는 귤과 포도 중 하나를 좋아하는데 성준이가 좋아하는 귤을 빼면 포도가 남는다. 그럼 준수는 배를 좋아하겠구나. 아무런 단서가 없는 민국이는 사과를 좋아하겠구나.

표를 그려서 정리해 보자. 문제의 내용을 표로 정리하면 아래와 같다.

	귤	포도	사과	배
성준	○			
준수			×	
지아			×	×
민국				

한 사람당 1가지만 골랐기 때문에 하나를 선택하면 나머지 과일은 ×, 다른 사람이 선택한 것도 선택할 수 없기 때문에 ×, 잘 알 수 없는 것은 △를 써넣으면 아래와 같다.

	귤	포도	사과	배
성준	○	×	×	×
준수	×	△	×	△
지아	×	△	×	×
민국	×	△	△	△

위와 같은 표에서 지아에게 남은 것은 포도, 준수는 포도, 배 중 배, 민국이에게 남은 것은 사과이므로 네 사람이 좋아하는 과일은 각각 성준-귤, 준수-배, 지아-포도, 민국-사과이다.

도 전 하 기

(1) 준수, 성준, 민국, 지아가 좋아하는 색깔은 노란색, 파란색, 빨간색, 초록색 중 하나이다.

(a) 준수는 노란색을 좋아한다.

(b) 성준이는 파란색을 좋아하지 않는다.

(c) 민국이는 파란색도, 빨간색도 좋아하지 않는다.

네 사람이 좋아하는 색깔이 무엇인지 알아보자.

정답 (1) 준수 : 노란색, 성준 : 빨간색, 민국 : 초록색, 지아 : 파란색

4.3 철사를 잘라 봐!

그림과 같이 철사가 평행한 두 직선 ㄱㄴ과 ㄷㄹ 사이에 놓여 있습니다. 직선 ㄱㄴ에 평행인 직선(점선)으로 잘랐을 때, 5개의 조각으로 나누어집니다. 이때, 직선 ㄱㄴ과 ㄷㄹ 사이의 서로 다른 10개의 평행선으로 자르면 이 철사는 몇 개의 조각으로 나누어지는지 구해 봅시다.

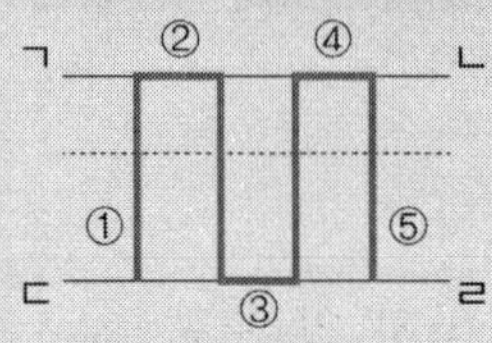

그림을 그려서 문제를 해결해 보자.

철사 대신에 그림을 이용하여 잘라보자. 직접 잘라 보면 나누어진 조각을 확인할 수 있다. 잘린 개수를 세어 보면 41개의 조각이 된다는 것을 알 수 있다.

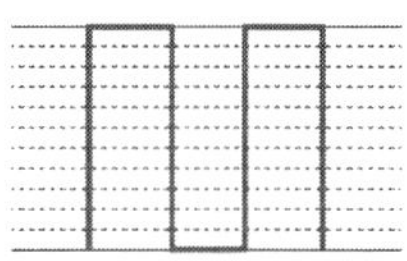

표로 정리하여 규칙을 찾아보자.

처음 잘랐을 때 철사는 몇 조각이 나오는가? 5조각

두 번째 잘랐을 때 철사는 몇 조각이 나오는가? 9조각

세 번째 잘랐을 때 철사는 몇 조각이 나오는가? 13조각

따라서 4씩 커지는 규칙을 발견할 수 있다.

평행선 수	1	2	3	4	5	6	7	8	9	10
조각의 수	5	9	13	17	21	25	29	33	37	41

10번 잘랐을 때 조각은 41개이다.

식을 세워 해결해 보자. 에 제시된 표를 보면

(잘려진 철사의 조각 수)=(자른 횟수)×4+1

임을 알 수 있다. 그러므로 10개의 평행선이 있을 때 철사 조각은 41개이다.

도전하기

(1) 위의 문제에서 20개의 평행선으로 자르면 철사는 몇 개의 조각으로 나누어지는지 구해 보자.

(2) S자 모양의 철사를 10개의 세로 평행선으로 자르면 이 철사는 몇 개의 조각으로 나누어지는지 구해 보자.

정답 (1) 81조각 (2) 31조각

4.4 바다 목장에서 생긴 일

바다 목장에서 해조류를 길러서 풍향그린발전소에 연료로 팔기로 했습니다. 해조류는 하루에 두 배의 넓이로 번식되는데, 해조류를 기른 지 30일이 되는 날 바다목장이 가득 차게 번식했습니다. 해조류가 바다 목장을 $\frac{1}{16}$ 만큼 덮은 날은 기른 지 며칠째 되는 날입니까?

우리에게 주어진 숫자 힌트는 2배와 30일째야. 처음 해조류의 넓이와 바다목장의 넓이는 주어지지 않은 채 30일째, 즉 마지막 날에 대한 자료만 있으니까 거꾸로 한 번 생각해보면 어떨까? 처음부터 생각하면?

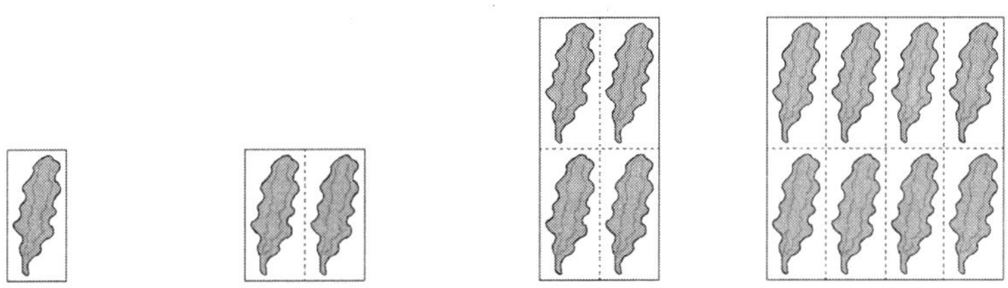

(첫째 날) (둘째 날) (셋째 날) (넷째 날) …

거꾸로 생각하면 다음과 같다.

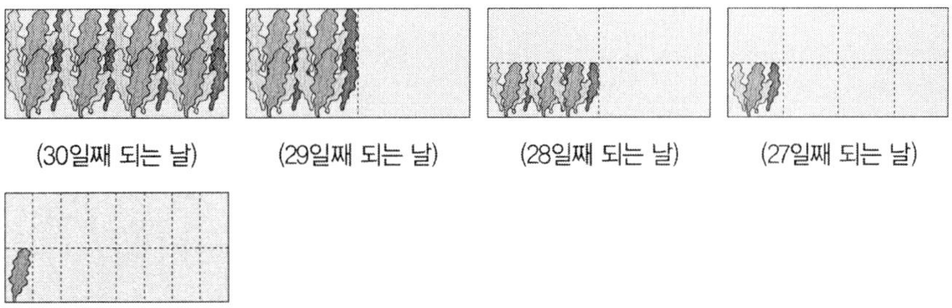

(30일째 되는 날) (29일째 되는 날) (28일째 되는 날) (27일째 되는 날) (26일째 되는 날)

따라서 26일째 되는 날이다.

바다목장 해조류는 매일 두 배의 넓이로 번식된다고 했기 때문에 마지막 날 해조류의 양을 1로 볼 때 그 하루 전날 해조류의 양은 마지막 날 해조류 양의 $\frac{1}{2}$이야. 2일 전 해조류의 양은 $\frac{1}{4}\left(\frac{1}{2}\times\frac{1}{2}=\frac{1}{4}\right)$이야. 그러니까 해조류의 양이 $\frac{1}{16}\left(\frac{1}{2}\times\frac{1}{2}\times\frac{1}{2}\times\frac{1}{2}=\frac{1}{16}\right)$이 되는 날은 마지막 날로부터 4일 전이 되는 거지. 그러니까 처음 기른 날로부터는 26일째 되는 날이야.

Tip '거꾸로 풀기(working backwards)'는 최종적으로 알려진 결과에서 시작하여 맨 처음으로 거꾸로 거슬러 올라감으로써 구하고자 하는 것을 이끌어내는 문제해결 전략이다. '거꾸로 풀기'는 마지막 결과가 알려져 있고 처음 상태가 알려져 있지 않은 문제에서 그 처음 상태를 구하고자 할 때, 또는 상대적으로 시작 부분이 복잡하고 마지막 부분이 간단한 문제를 해결할 때도 사용할 수 있다.

도 전 하 기

(1) 두 개의 컵 A, B에 물이 담겨 있다. 컵 A에서 컵 B로 컵 B에 있던 물의 양만큼 정확히 옮겨 부었다. 그런 다음 다시 컵 B에서 컵 A로 그때까지 컵 A에 있던 물의 양만큼 정확히 옮겨 부었다. 그리고 다시 한 번 컵 A에서 컵 B로 그때까지 컵 B에 있던 물의 양만큼 정확히 옮겨 부었다. 그랬더니 결국 컵 A와 컵 B에 각각 24 mL의 물이 남았다. 맨 처음에 컵 A, B에 있던 물의 양을 각각 구해 보자.

정답 (1) 컵 A : 33mL, 컵 B : 15mL

4.5 경제적인 소비전략을 세워라.

학교 주변을 탐방하다보니 날씨가 너무 덥습니다. 선생님께서 아이스크림을 사주시겠다고 하셔서 마트를 찾아갔습니다. 그런데 마트에 아래와 같은 문구가 적혀 있네요.

10개 이상 구입 시 20% 할인
20개 이상 구입 시 30% 할인

우리 반 친구들은 모두 17명. 선생님과 반 친구들에게 줄 아이스크림 18개를 사려면 어떤 방법을 이용하여 사는 것이 저렴할까요? (단, 아이스크림은 1개에 1000원입니다.)

사야 할 아이스크림의 개수는 18개야. 당연히 20개보다 적으므로 필요한 개수만 사는 것이 싸겠지. 아이스크림이 1개에 1000원이니깐 18000원이 되겠군. 이것은 손해이다.

아니야. 할인율을 생각해야지. 사야 할 아이스크림의 개수는 18개. 10개 이상을 사는 것이니깐 $18\times1000\times\dfrac{80}{100}=14400$이지. 이것은 손해이다.

사야 할 아이스크림의 개수는 18개지만 20개를 사면 30%할인이 되잖아. 그렇다면 20개를 사서 계산을 해 보자. 20개를 사면 20000원이지만 30%를 할인 받으면 14000원$\left(20\times1000\times\dfrac{70}{100}=14000\right)$에 살 수 있지.

의 계산 결과와 비교하면 2개를 더 샀는데도 가격은 더 저렴하네.

Tip 함수를 이용해서 문제를 해결할 수도 있어. 구입하는 아이스크림의 개수를 x, 아이스크림의 한 개의 가격을 a라고 하면

$$a\left(1-\frac{20}{100}\right)\times x \geq a\left(1-\frac{30}{100}\right)\times 20$$

좌변은 20개 미만으로 샀을 경우 비용, 우변은 20개를 샀을 때의 비용

$$x \geq 17.5$$

$\therefore$ x는 18개 이상, 다시 말해 18~19개를 사는 경우보다 차라리 20개를 사는 경우가 더 저렴하다.

도전하기

(1) 20개 이하의 아이스크림을 구입하고자 할 때 ㉮의 할인율을 적용하는 것보다 ㉯의 할인율을 적용하여 구입하는 것이 더 저렴한 경우가 있다. 20개를 구입하는 것이 더 싼 경우를 구해 보자.

㉮ 10개 이상 구입 시 10% 할인
㉯ 20개 이상 구입 시 30% 할인

정답 (1) 16, 17, 18, 19개를 구입하는 경우 20개를 사는 것이 더 싸다.

구입 개수	할인율	구입 산출식	구입 금액	1개당 금액	비고
15	10개 이상 : 10%↓	$\frac{1}{2}\times\frac{90}{100}=13500$	13500	900	
16		$16\times1000\times\frac{90}{100}=14400$	14400	900	20개를 사는 가격보다 비용이 더 든다.
17		$17\times1000\times\frac{90}{100}=15300$	15300	900	
18		$17\times1000\times\frac{90}{100}=16200$	16200	900	
19		$19\times1000\times\frac{90}{100}=17100$	17100	900	
20	20개 : 30%↓	$20\times1000\times\frac{70}{100}=14000$	14000	700	

4.6 암호로 가려진 곱셈식들

비밀 문을 열 수 있는 식이 오른쪽과 같이 A, B, C로 암호화되어 있습니다. A, B, C가 서로 다른 숫자일 때, 어떤 식이 되는지 암호를 풀어봅시다.

$$\begin{array}{rccc} & & A & B \\ & & A & B \\ + & & A & B \\ \hline & C & C & C \end{array}$$

알파벳에 숫자를 하나씩 대입해 본다.

$A=1$, $B=2$, $12+12+12=36$, 세 자리가 안 되니까 틀렸어. 숫자를 크게 해 봐야지.

$A=3$, $B=4$, $34+34+34=102$, 각 자리 숫자가 다르니까 안 돼.

$A=3$, $B=5$, $35+35+35=105$, 각 자리 숫자가 다르니까 안 돼.

어느 세월에 다 하지?

식을 풀어보자. AB는 $10A+B$로 나타내고 CCC는 $100C+10C+C$로 나타내자.

$$10A+B+10A+B+10A+B=100C+10C+C$$
$$30A+3B=100C+10C+C$$
$$3(10A+B)=100C+10C+C$$

CCC는 AB를 3배하여 나온 세 자리 수(32×3은 두 자리 수, 33×3은 두 자리 수이고 A, B가 서로 다른 숫자여야 하므로 불가능)니까

$$34<AB<98$$
$$102<3(AB)<294$$
$$102<CCC<294$$

그러면 위의 식에서 C는 1이 아니면 2일거야.

만약 1이라고 하면 CCC = 111

$$3AB = 111$$

$$AB = 37$$

2라고 하면 CCC = 222

$$3AB = 222$$

$$AB = 74$$

두 가지 경우가 있다.

A = 3, B = 7, C = 1이거나 A = 7, B = 4, C = 2.

거꾸로 생각해 보자. 곱셈식으로 바꾸어 나누기를 해보자.

$$AB + AB + AB = CCC$$

$$3AB = CCC$$

$$AB = CCC \div 3$$

먼저 C가 1일 때, $111 \div 3 = 37$

2일 때, $222 \div 3 = 74$

3일 때, $333 \div 3 = 111$

3부터는 세 자리 숫자가 되기 때문에 3이상부터는 계산할 필요가 없다.

따라서 A = 3, B = 7, C = 1이거나 A = 7, B = 4, C = 2이다.

도 전 하 기

(1) 비밀 문을 열 수 있는 식이 오른쪽과 같이 A, B, C, D로 암호화되어 있다. A, B, C, D는 서로 다른 숫자이다. 어떤 식인지 암호를 풀어 보자.

$$\begin{array}{r} ABCAB \\ ABCAB \\ +\ ABCAB \\ \hline DDDDDD \end{array}$$

(2) 비밀 문을 열 수 있는 식이 오른쪽과 같이 A, B, C, D로 암호화되어 있다. A, B, C, D는 서로 다른 숫자이다. 어떤 식인지 암호를 풀어 보자.

$$\begin{array}{r} ABCABCAB \\ ABCABCAB \\ +\ ABCABCAB \\ \hline DDDDDDDDD \end{array}$$

정답 (1) A=3, B=7, C=0, D=1이거나 A=7, B=4, C=0, D=2
(2) A=3, B=7, C=0, D=1이거나 A=7, B=4, C=0, D=2

4.7 바둑 동호회 회원 수는 몇이지?

우리 바둑 동호회에 오늘 새로운 회원 한 명이 더 들어왔습니다. 이로 인해 모든 회원이 서로 간에 바둑 게임을 한다면 총 게임 수는 전보다 8게임이 늘어났습니다. 새로운 회원이 들어온 뒤에 회원 수는 몇 명입니까?

회원 수가 2, 3, 4, 5, …명일 때, 게임의 총 수를 계산해 보자. 2명일 때는 1번, 3명일 때는 3번, 4명일 때는 6번, 5명일 때는 10번, …. 여기에서 회원 수가 늘어남에 따라 더불어 늘어나는 게임의 수를 알아보면 2명에서 3명으로 늘어날 경우에 2번, 3명에서 4명으로 늘어날 경우에 3번, 4명에서 5명으로 늘어날 경우에 4번, …임을 알 수 있다. 따라서 이 규칙으로부터 8명에서 9명으로 늘어났으므로 현재 회원의 수는 9명임을 알 수 있다.

게임의 상황을 그림으로 그려보면 각 경우에 게임의 수를 쉽게 알 수 있다. 여기에서 게임의 수의 규칙을 살펴보면 현재 회원의 수는 9명임을 알 수 있다.

회원수	1	2	3	4	5	6	7	8	9
게임수	0	1	3	6	10	15	21	28	36
늘어난 게임수	1	2	3	4	5	6	7	8	

문제에 주어진 조건과 상황을 생각해 보면 현재의 회원 수가 9명임을 간단히 알 수 있다. 왜냐하면 새로운 회원이 들어와서 게임 수가 전보다 8번이 늘어났다는 것은 새로 들어 온 회원의 입장에서 볼 때 기존의 회원들과 한 번씩 게임을 한 횟수만큼 그 수가 늘어났다는 것을 의미하기 때문이다. 따라서 현재 회원 수는 9명이다.

도 전 하 기

(1) 10명이 미팅에서 만나 서로 악수를 한다. 모두 몇 번의 악수가 이루어지는지 구해 보자.

정답 (1) 45

4.8 난 얼마를 손해 본 거야?

한 부인이 보석상에서 55만 원짜리 보석세트를 산 뒤 100만 원짜리 수표로 지불했습니다. 보석상 주인은 잔돈이 없어 옆 가게에 가서 부인이 준 100만 원짜리 수표를 현금으로 바꾸어 와서 거스름돈 45만 원을 부인에게 지불했습니다.
그런데 다음날 100만 원짜리 수표가 위조 수표란 것이 밝혀졌습니다. 보석상 주인은 옆 가게 주인에게 100만 원을 변상하였고, 부인은 이미 보석세트와 함께 거스름돈을 가지고 도망을 가버렸답니다. 그렇다면 이 보석상 주인은 총 얼마를 손해 본 것입니까?

보석상 주인은 옆 가게에 100만 원을 배상했고 부인에게 55만 원 보석을 주었고, 거기에 거스름돈 45만 원까지 주었으니 모두 200만 원을 손해 보았군. 이것은 오답이다.

옆 가게에서 100만 원을 빌려왔지만, 부인에게 거스름돈으로 45만 원을 주고 55만 원 가지고 있잖아. 그러니까 옆 가게에 변상한 100만 원과 거스름돈 45만 원을 합해야지. 그럼 145만 원을 손해 본 거야. 이것도 오답이다.

보석상 주인의 입장에서 생각하면 옆 가게에서 100만 원을 바꾸었어. 그럼 보석상 주인은 100만 원을 갖고 있게 되겠지. 그런데 그 수표가 위조수표였어. 그럼 옆 가게에서 바꾸었던 100만 원을 다시 돌려준다고 생각하면 보석상 주인은 옆 가게와 거래에서는 손해 보는 금액이 없어. 그러니 보석상 주인은 애초부터 수표를 옆 가게에서 바꾸지 않았다고 생각하면 쉽게 접근할 수 있겠지.
보석상 주인은 어제의 부인과의 거래만 생각하면 돼. 보석 55만 원과 거스름돈 45만 원 주었으니 보석상 주인은 총 100만 원을 손해 본 거야.

세 사람의 손익을 표로 나타내 보자.

상황	사기꾼	보석상	옆 가게
가짜수표를 보석상에게 주고 55만 원짜리 보석을 삼	+55	−55	
보석상이 옆집에게 가짜수표를 주고 100만 원을 얻어옴		+100	−100
사기꾼에게 45만 원을 거슬러줌	+45	−45	
옆집에 100만 원을 돌려 줌		−100	+100
합계	+100	−100	0

도 전 하 기

(1) 한 남자가 시장에 가서 한 마리당 7천 원 하는 갈치를 3마리 사고, 5만 원짜리 지폐를 냈다. 그런데 생선을 파는 상인이 천 원짜리가 없어서 옆 가게에서 9천 원을 빌려와서 2만 9천 원을 거스름돈으로 남겨주었다. 그리고 다음날 옆 가게에 9천 원을 갚았다. 그런데 5만 원짜리 지폐가 위조지폐였다고 한다. 그렇다면 상인은 도대체 얼마를 손해 본 것인지 구해 보자.

정답 (1) 2만 원

4.9 언제 만날까?

동생이 집을 출발한 지 9분 후에 형이 동생을 따라 나섰다. 동생은 매분 80 m의 속도로 걷고, 형은 매분 200 m의 속도로 자전거를 타고 따라간다. 형이 동생과 만나는 것은 집에서 얼마 떨어진 지점일까요?

형이 출발할 때 동생은 집에서 720 m(9분×80 m/분=720 m) 떨어진 지점에 있다. 그림이나 표를 이용하여 1분 후, 2분 후, 3분 후, …의 두 사람이 간 거리를 계산해 본다. 표를 이용하면 다음과 같다.

시간	처음	1분 후	2분 후	3분 후	4분 후	5분 후	6분 후
형	0	200	400	600	800	1000	1200
동생	720	800	880	960	1040	1120	1200

(단위 : m)

따라서 6분 후에 1200 m 지점에서 만나게 된다.

관점을 바꾸어 형이 멈추어 있다고 가정하고 동생의 이동을 관찰하면 동생이 형에게 다가오는 것처럼 보인다. 이것을 이용하여 문제를 해결한다.

형이 출발할 때 동생은 이미 $80 \times 9 = 720$ m를 간 상황이다. 그런데 동생이 1분에 80 m를 가는 동안 형은 200 m를 가기 때문에 두 사람의 거리는 1분에 120 m씩 좁혀진다. 따라서 형이 출발할 때 떨어져 있던 720 m를 따라 잡으려면 $720 \div 120 = 6$분이 걸리고, 형이 동생과 만나는 것은 집에서 $200 \times 6 = 1200$ m 떨어진 지점임을 알 수 있다.

Tip 위 문제를 식을 세워서 해결하면 다음과 같다.

$$720 + 80x = 200x \quad \cdots\cdots ①$$
$$720 = (200 - 80)x \quad \cdots\cdots ②$$
$$720 = 120x \quad \cdots\cdots ③$$

$$x = 720 \div 120 = 6 \qquad \cdots\cdots ④$$

따라서 형과 동생은 6분 후에 1200 m 지점에서 만나게 된다.

그래프를 그려서 두 그래프가 만나는 지점이 있는지 알아본다. 아래 그래프를 보면, 형과 동생은 1200 m 지점에서 만난다는 것을 알 수 있다.

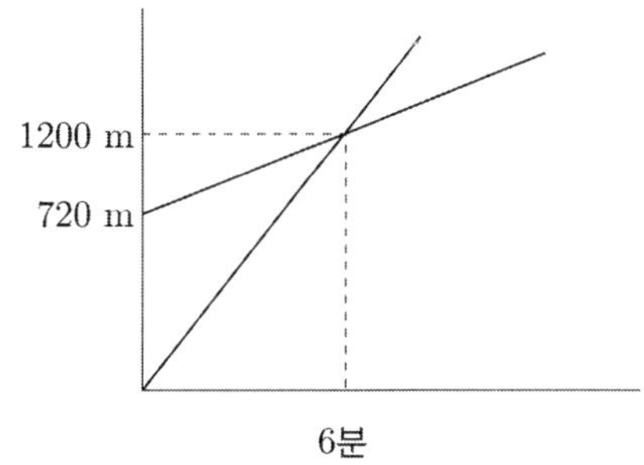

도 전 하 기

(1) 영수는 빵 3개와 도넛 2개를 사고 1200원을 냈다. 다음날 영수는 빵 7개와 도넛 5개를 사고 2900원을 냈다. 빵과 도넛의 가격을 구해 보자.

정답 (1) 빵 : 200원, 도넛 : 300원

Ⅱ 도형 영역

01 평면도형 탐구하기

우리는 2차원의 그림 세계와 3차원의 공간 세계에서 살아가고 있고, 우리가 살고 있는 세계에는 다양한 사물이 존재한다. 도형은 우리 주변을 둘러싸고 있는 사물의 모양에 주목하여 관찰함으로써 사물의 표상에 의해 모양을 찾고, 그 성질과 관계를 탐구하는 학문이다.

도형을 배움으로써 우리는 주변에서 여러 가지 도형의 성질을 탐구하고 발견할 수 있으며, 이를 바탕으로 일상생활에 내재된 도형의 아름다움도 느낄 수 있다. 예를 들면 물방울, 시계, 태양에서 우리는 원의 모양을 발견할 수 있다. 원은 중심을 지나는 무수히 많은 선에 대하여 대칭이고, 중심으로 회전을 시켜도 대칭이다. 원은 둘레가 일정한 평면도형 중에서 넓이가 가장 넓다. 원 이외에도 생활 속에서는 현수선과 사이클로이드와 같은 아름다운 곡선을 발견할 수 있다.

1.1 다각형 내각의 크기의 합은 얼마인가?

세경이는 오른쪽 그림과 같이 오각형 모양의 땅을 보면서 내각의 크기의 합이 얼마일지 궁금해졌습니다. 오각형 모양의 땅에서 내각의 크기의 합은 얼마입니까?

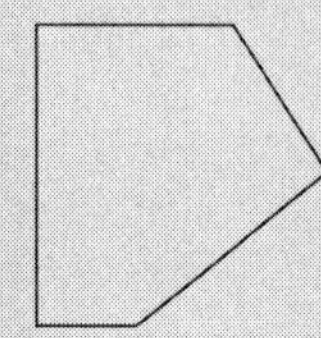

각도기를 이용해 내각의 크기를 재어 더해보자.

□ + □ + □

+ □ + □ = □

각도기를 이용하여 오각형 모양의 땅의 내각의 크기를 구한 후, 그 합을 구해보면 약 540°가 된다는 것을 알 수 있네.

모든 각의 크기를 재어 더하는 것은 정확하지가 않을 수 있어. 그리고 100각형일 때는 모든 각의 크기를 재는 것은 난감한데. 아래 그림을 보고 생각해 볼까?

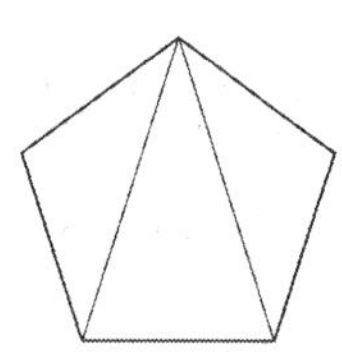

다각형은 삼각형으로 분할할 수 있구나. 그럼 삼각형의 내각의 크기의 합이 180°이므로 분할된 삼각형의 수에 180°를 곱하면 되겠네.

사각형은 삼각형이 2개 모였으니 $180° \times 2 = 360°$

오각형은 삼각형이 3개 모였으니 $180° \times 3 = 540°$ 그렇다면 사각형 1개와 삼각형 1개로 나누어서 $180° + 360°$로 구하는 방법도 있겠군.

삼각형, 사각형, 오각형의 내각의 크기의 합이 각각 180°, 360°, 540°이므로 규칙이 있을 법한데, 식으로 만들어볼까? 먼저 사각형은 삼각형이 2개, 오각형은 삼각형이 3개, N각형은 삼각형이 (N−2)개야. 그런데 삼각형 내각의 크기의 합은 180°이니까, 사각형 내각의 크기의 합은 $180° \times (4-2) = 180° \times 2 = 360°$로 나타낼 수 있지. 오각형의 내각의 크기의 합은 $180° \times (5-2) = 180° \times 3 = 540°$로 나타낼 수 있어. 그렇다면, N각형의 내각의 크기의 합은 $180° \times (N-2)$임을 알 수 있어.

Tip 내각과 외각이란?

- 내각 : 다각형에서 인접한 두 변이 다각형의 안쪽에 만드는 모든 각.
- 외각 : 다각형에서 한 변과 그것에 이웃한 변의 연장선이 이루는 각.
  (한 외각의 크기)=180°−(내각의 크기)

도 전 하 기

(1) 세경이는 삼각형의 외각의 크기의 합을 구하려고 한다. 삼각형의 외각의 크기의 합을 구해 보자.

(2) 세경이는 사각형의 외각의 크기의 합을 구하려고 한다. 사각형의 외각의 크기의 합을 구해 보자.

(3) 세경이는 오각형의 외각의 크기의 합을 구하려고 한다. 오각형의 외각의 크기의 합을 구해 보자.

(4) 모든 다각형의 외각의 크기의 합은 항상 360°라고 할 수 있는가? 왜 그렇게 생각하는지 써 보자.

정답 (1) 360° (2) 360° (3) 360°

(4) N각형은 꼭짓점이 N개 있다. 각 꼭짓점마다 내각과 외각의 크기의 합인 180°도 N개 있다는 의미이다. 다시 말해 외각의 크기의 합은 (180°×N)에서 내각의 크기의 합인 {180°×(N−2)}를 뺀 값이 된다. 이를 정리하면 (N각형의 외각의 크기의 합)=(180°×N)−180°×(N−2)=360°
따라서 외각의 크기의 합은 항상 360°가 되는 것이다(아래 그림 참조).

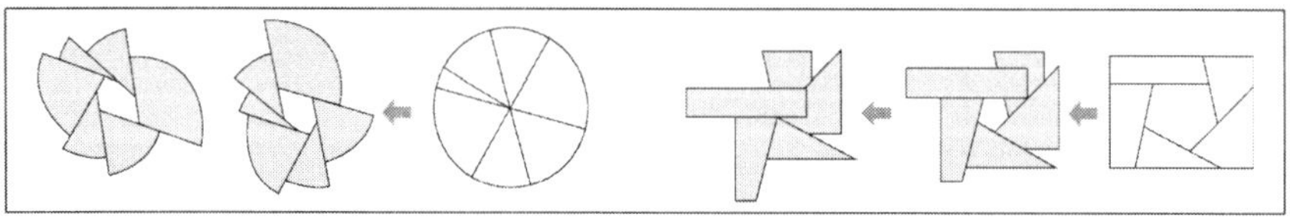

1.2 우주의 중심 찾기

선생님께서 영수에게 원을 하나 주시면서 똑같은 원을 20장 만들라고 하셨습니다. 그런데 선생님께서 주신 원에는 중심이 표시되어 있지 않았습니다. 영수가 원의 중심을 찾을 수 있는 방법은 무엇입니까?

원을 반으로 접고, 다시 다른 방향으로 반으로 접어서 생긴 교차점을 찾는다. 이 교차점이 원의 중심이 된다.

현을 하나 그린 후, 수직이등분선을 그리고, 또 다른 현의 수직이등분선과의 교점을 찾는다.

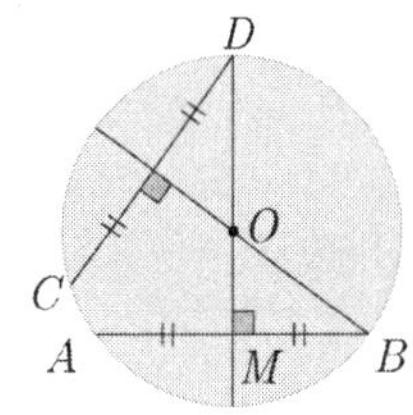

원의 중심을 포함하고, 원에 내접하는 삼각형 한 개를 그린 후, 외접원의 성질('삼각형의 세 변의 수직이등분선은 한 점에서 만나고, 그 점에서 세 꼭짓점에 이르는 거리는 같다')을 이용하여 원의 중심을 구한다.

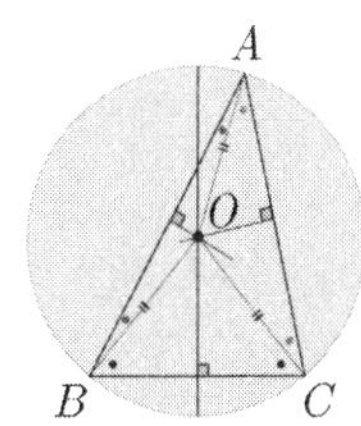

원 위에 한 현(CQ)을 그린 후 현과 원이 만나는 점(Q)에서 그 현에 수선(DQ)을 그어 직각삼각형을 그릴 수 있다. 같은 방법으로 다른 직각삼각형을 그렸을 때 두 직각삼각형의 빗변의 교점이 원의 중심이 된다.

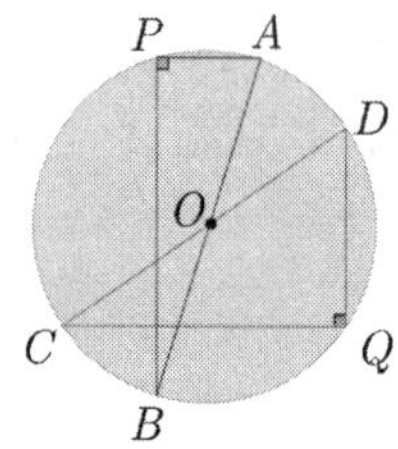

Tip 교실에서 수학책만을 이용하여 원의 중심 찾기!

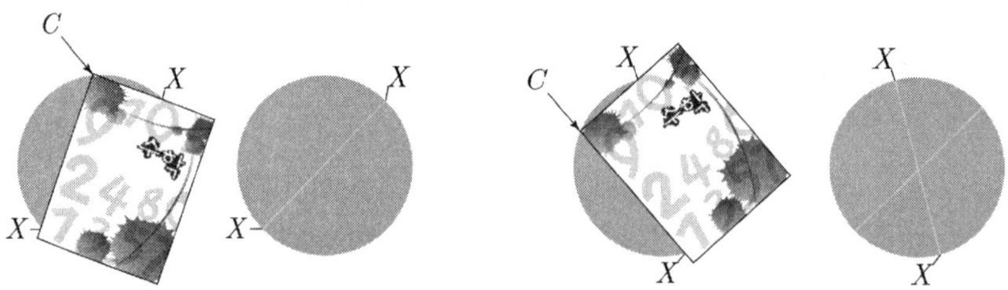

- 수직이등분선 : 한 선분의 중점을 지나면서 그 선분에 수직인 직선이나 선분.

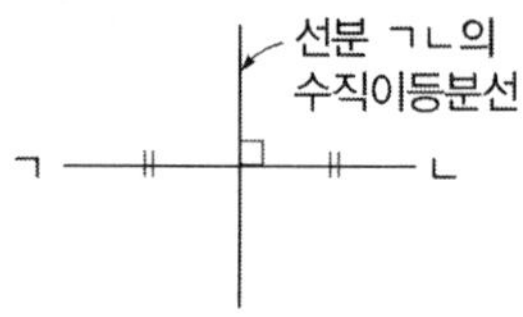

- 현 : 원주상의 두 점을 연결한 선분으로, 원의 중심에서 현에 내린 수선은 현의 중점을 지나며, 역으로 현의 수직이등분선은 원의 중심을 지난다.
- 내접원 : 한 다각형의 모든 변에 내접하는 원
- 외접원 : 다각형의 모든 꼭짓점을 지나는 원
  삼각형은 항상 외접원을 그릴 수 있으나, 사각형에서는 사각형의 한 쌍의 대각의 크기의 합이 180°가 될 때만 그릴 수 있다.
- 원에서의 비례관계 : 한 원에서 두 현 AB, CD 또는 이들의 연장선이 만나는 점을 P라 하면 $\overline{PA}\times\overline{PB}=\overline{PC}\times\overline{PD}$이다

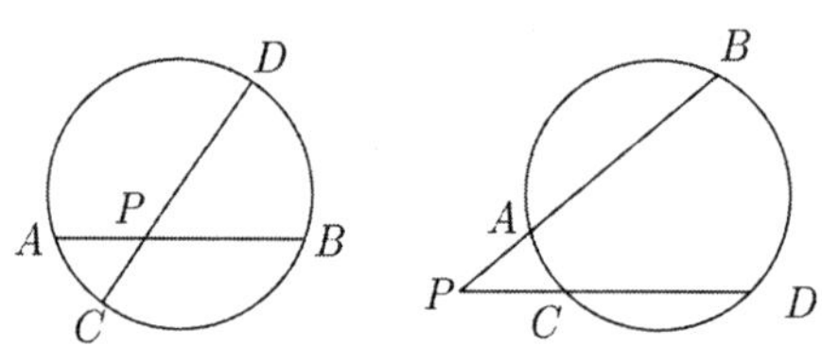

도 전 하 기

(1) 다음 그림은 깨진 원형 접시의 일부분이다. 복원을 하기 위하여 측정한 결과 $\overline{BC}=16\text{ cm}$이고, $\overline{BC}$의 수직이등분선인 $\overline{AH}=4\text{ cm}$일 때, 원래 접시의 반지름의 길이를 구해 보자.

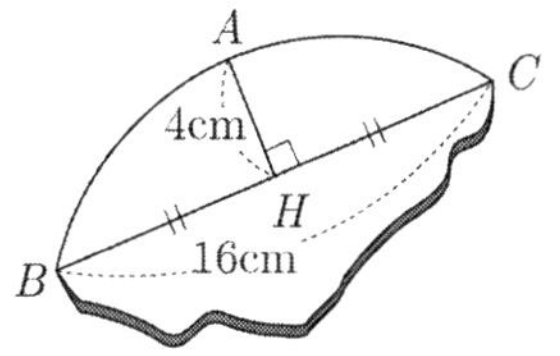

정답 (1) 10cm

1.3 동전 돌리기

100원짜리 동전이 2개가 있습니다. 한 개의 동전 A를 책상 위에 고정하고 다른 한 개의 동전 B를 A에 붙여서 미끄러지지 않게 회전시키면서 A 주위를 한 바퀴 돌립니다. 이때 동전 B가 회전한 각의 크기를 구해 봅시다.

동전 B가 A에 붙여서 미끄러지지 않게 1회전하였으므로 동전 B가 회전한 각은 360°가 된다. 이것은 오답이다.

동전 대신에 정사각형 모양의 색종이 2장을 이용하여 직접 실험을 해 보면, 90°씩 모두 8번 돌렸을 때, 1회전한다는 것을 알 수 있다. 따라서 한 개의 동전이 다른 동전을 회전한 각의 크기는 720°라고 생각할 수 있다.

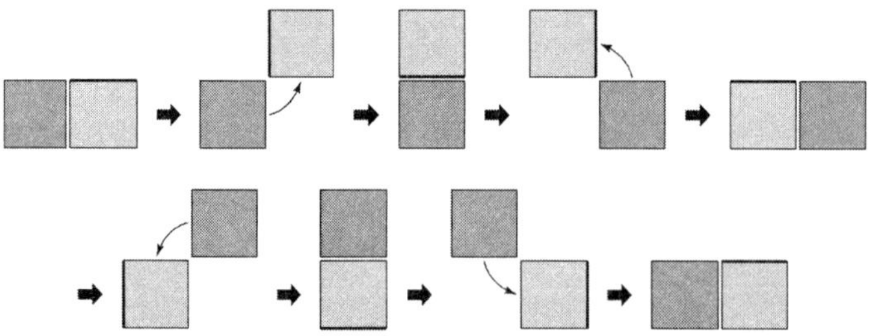

100원짜리 동전 두 개를 이용하여 직접 실험을 해 보면, 동전 B가 실제로 회전한 각은 동전 A를 따라 동전 B가 회전한 것의 두 배임을 알 수 있다. 따라서 동전 B가 회전한 각의 크기는 720°이다.

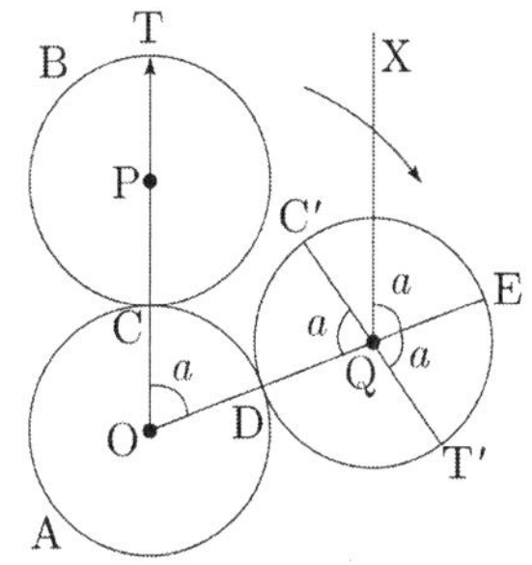

동전 A의 중심을 O라 하고, 중심이 P인 동전 B가 a 만큼 회전하여 중심이 Q에 왔다고 하자. 처음 동전 B의 맨 위의 위치가 T이고, a만큼 회전한 다음에 T′에 왔다고 하면 PT방향과 QT′방향이 이루는 각이 $2a$가 됨을 알 수 있다. 왜냐하면 처음 두 원의 접점을 C, 회전 후의 접점을 D라 하고 동전 B위의 점 C가 회전한 뒤 C′에 왔다고 하면 $\angle C'QD = \angle COD = a$이고, DQ를 연장하여 이 원 Q와의 접점을 E라고 하면 $\angle T'QE = \angle C'QO = a$이다. 또 Q를 지나 PT에 평행한 직선을 QX라 하면 $\angle XQE = \angle POQ = a$이다. 이상에서 $\angle XQT' = 2a$임을 알 수 있다(한명수 역, 1994).

도 전 하 기

(1) 100원짜리 동전 2개를 붙여 놓고 고정시켜 놓았다. 이 2개의 동전 주위를 다른 100원짜리 동전으로 미끄러지지 않게 회전시킬 때 100원짜리 동전이 회전한 각의 크기를 구해 보자.

(2) 100원짜리 동전 3개를 삼각형 모양으로 붙여 놓고 고정시켜 놓았다. 이 3개의 동전 주위를 다른 100원짜리 동전으로 미끄러지지 않게 회전시킬 때 100원짜리 동전이 회전한 각의 크기를 구해 보자.

정답 (1) 960° (2) 1080°

1.4 현명한 네트워크망

다음 그림과 같은 네트워크망을 가진 마을이 있습니다. 그런데 이 마을 네트워크망의 문제는 한 개의 꼭짓점에서 다른 점으로 이동하기 위해서는 불필요하게 다른 꼭짓점을 지나가야 한다는 것입니다. 바로 연결하기 위해서는 어떻게 해야 할까요? 아마도 꼭짓점 대 꼭짓점으로 네트워크 연결선이 추가되어야 할 것입니다. 그렇다면 각각 몇 개의 네트워크 연결선이 필요합니까?

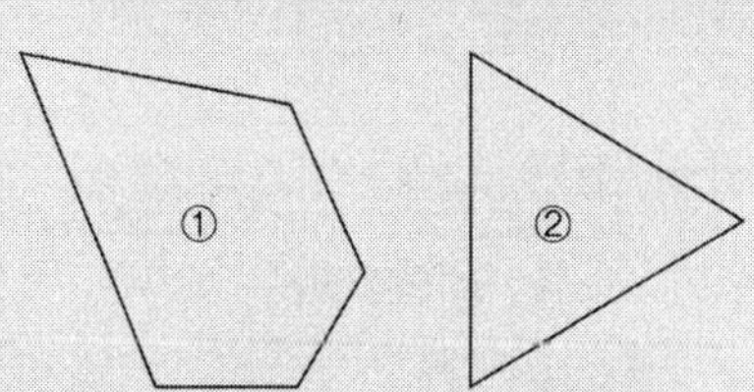

자를 이용해 직접 필요한 네트워크 연결선을 그리고, 그 수를 세어 보자.

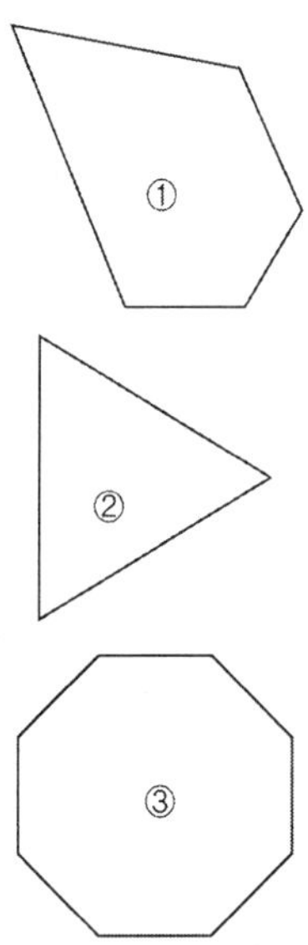

추가되는 네트워크 연결선	
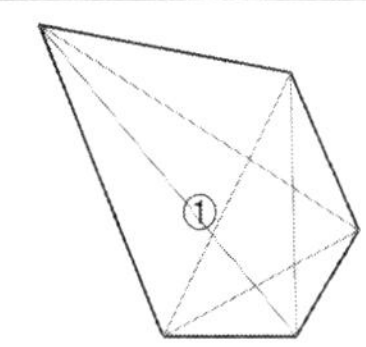	5 개
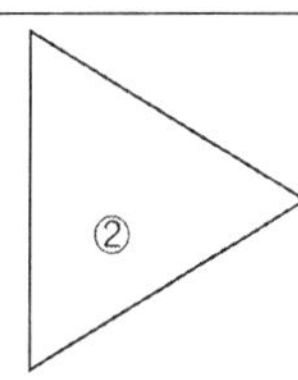	0 개
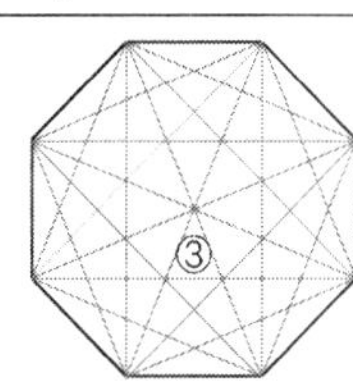	20 개

네트워크 연결망의 모양에 따라 연결되는 선의 수가 규칙적으로 늘어나는 것 같다. 표를 그려 늘어나는 규칙을 발견해 볼까?

다각형	3	4	5	6	7	…
추가되는 선의 수	0	2	5	9	14	…

표로 그려보니 규칙이 보인다. 선의 수가 2, 3, 4, 5씩 늘어나는 것을 알 수 있다. 그런데 100각형의 경우 늘어난 수를 발견한다는 것은 보통 일이 아니네.

다각형	3	4	5	6	7	…	100
대각선의 수	0	2	5	9	14	…	?

문제를 해결할 때 식을 세우면 일반화가 쉽던데. 식을 세워 보자.

다각형	3	4	5	6	7	…	x
한 꼭짓점에서 그을 수 있는 선의 수	$3-3=0$	$4-3=1$	$5-3=2$	$6-3=3$	$7-3=4$	…	$(x-3)$
모든 선의 수	$\frac{3\times0}{2}$	$\frac{4\times1}{2}$	$\frac{5\times2}{2}$	$\frac{6\times3}{2}$	$\frac{7\times4}{2}$	…	$\frac{x\times(x-3)}{2}$
	0	2	5	9	14		

한 꼭짓점에서 그을 수 있는 선의 수는 꼭짓점의 수에서 3을 뺀다(자기 자신과 이웃하는 2개의 꼭짓점에는 연결할 수 없기 때문이다). 그런데 출발한 꼭짓점과 도착한 꼭짓점이 중복되는 선은 2개씩 있으므로 2로 나누어 주어야 한다. 따라서 모든 추가적으로 연결되는 선의 수는 {(꼭짓점의 개수)×(한 꼭짓점에서 그을 수 있는 선의 수)}÷2임을 알 수 있다.

Tip 대각선이란 다각형에서 이웃하지 않는 두 꼭짓점을 잇는 선분을 의미한다. 그런데 볼록 다각형은 모든 대각선이 그 다각형의 내부에 존재하는 다각형이다. 반면에 오른쪽 그림과 같은 다각형을 오목 다각형이라 한다. 오목 다각형은 그림과 같이 대각선 중 한 개라도 그 다각형의 외부에 존재하는 다각형이고, 볼록 다각형이 아닌 것은 모두 오목 다각형이다.

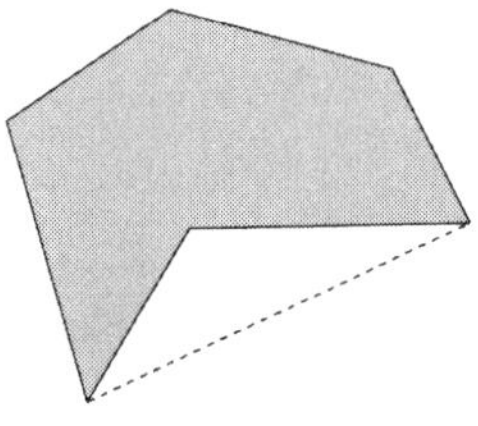

도 전 하 기

(1) 정십이각형에 그을 수 있는 대각선의 수를 구해 보자.

정답 (1) 54

02 입체도형 탐구하기

우리는 3차원 세계에 살고 있기 때문에 이 세계를 기하학적으로 탐구하는 것은 중요하다. 우리 주변에는 도형이 아주 많으며, 이 도형의 성질을 발견할 수 있고, 이를 활용하면 생활 문제를 쉽게 해결할 수 있다. 예를 들어 우리가 매일 사용하는 비누는 처음에는 줄어드는 느낌이 별로 들지 않지만, 나중에는 갑자기 줄어드는 것 같은 느낌을 받는다. 이 현상에는 도형의 닮음이라는 원리가 내재되어 있어서 그런 것이다.

생활에서는 도형의 성질을 많이 이용한다. 예를 들면, 겉넓이가 일정할 때 부피가 가장 큰 입체도형은 구이고, 다음으로 원기둥, 정사각기둥의 순으로 부피가 줄어든다. 공장에서 캔을 만들려면 최소의 비용으로 만드는 것이 유리하므로 구를 이용하는 것이 경제적이지만, 현실적으로 불편하므로 원기둥으로 만드는 것이다.

도형에서는 그것이 가지고 있는 불변의 성질을 탐구하는 것이 중요하다. 예를 들어 높은 산 위에서 정육면체 모양의 바위가 굴러 떨어지면 귀퉁이가 잘려 나가게 되어 그 모양은 변하게 된다. 그렇지만 그 바위의 성분에는 변화가 없다. 마찬가지로 수학적으로도 변하지 않는 성질이 있는데, 다면체에 대한 오일러 정리가 그것이다.

2.1 정다면체는 몇 개나 있을까?

입체도형이 정다면체일 조건은 다음과 같습니다.
첫째, 모든 면이 합동인 정다각형으로 이루어져 있다.
둘째, 각 꼭짓점에서 만나는 면의 개수가 같다.
그렇다면 위 조건을 만족하는 정다면체는 모두 몇 개나 만들 수 있습니까?

일단 하나씩 직접 만들어 볼까? 정삼각형 4개를 모아 정사면체를 만들고, 정삼각형 8개를 모아 정팔면체를 만들고, 정삼각형 20개를 모아 정이십면체를 만들들 수 있다. 정삼각형을 가지고 만들 수 있는 정다면체는 더 이상 없다. 다음으로 정사각형 6개를 모으면 정육면체를 만들 수 있고, 더 이상 정사각형을 가지고 만들 수 있는 정다면체는 없다. 정오각형 12개를 모아 정십이면체를 만들 수 있고, 더 이상 정오각형을 가지고 만들 수 있는 정다면체는 없다. 정육각형으로는 정다면체를 만들 수 없으므로 더 이상 없을 것이다.

입체도형이 되기 위해서는 한 꼭짓점에 적어도 3개 이상의 다각형이 모여야 되겠구나. 하지만, 다각형이 너무 많이 모여 도형의 내각의 크기의 합이 360°가 되면 평면도형이 되고 말지.
따라서, 한 내각의 크기가 60°인 정삼각형 3개가 모이면 내각의 크기의 합이 180°이므로 정사면체를 만들 수 있고, 4개가 모이면 내각의 크기의 합이 240°이므로 정팔면체, 5개가 모이면 내각의 크기의 합이 300°이므로 정이십면체를 만들 수 있다. 그러나 정삼각형 6개가 모이면 내각의 크기의 합이 360°가 되어 평면도형이 되므로 입체도형을 만들 수 없다.
또한, 한 내각의 크기가 90°인 정사각형 3개가 모이면 내각의 크기의 합이 270°이므로 정육면체를 만들 수 있으며, 한 내각의 크기가 108°인 정오각형 3

개가 모이면 내각의 크기의 합이 324°이므로 정십이면체를 만들 수 있지. 그럼, 한 내각의 크기가 120°인 정육각형부터는 3개가 모이면 모든 내각의 크기의 합이 이미 360° 이상이므로 입체도형을 만들 수 없다는 거지. 그래서 정다면체는 다섯 개뿐이지.

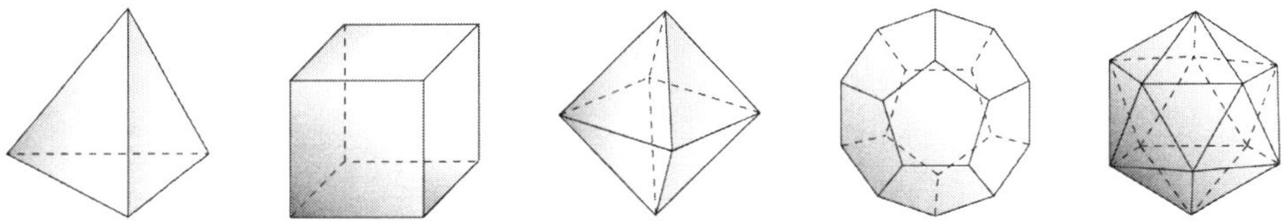

정사면체　　정육면체　　정팔면체　　정십이면체　　정이십면체

Tip 정다면체를 플라톤의 입체라고도 한다. 고대 그리스 수학자 플라톤은 정다면체가 우주를 구성하는 5개의 원소로서 정사면체는 불, 정육면체는 흙, 정팔면체는 공기, 정십이면체는 우주, 정이십면체는 물을 상징한다고 하였다(이태욱, 2005).

한편, 한 꼭짓점에 정n각형이 m개 모였을 때 내각의 크기의 합이 2π보다 작아야 한다. 즉, $\frac{(n-2)\pi}{n}\times m<2\pi$를 만족하는 n과 m을 구하면 된다. n을 3부터 차례로 대입하여 부등식을 만족하는 값을 구하면 5가지 경우만 존재한다는 것을 알 수 있다.

- π(원주율) : 지름에 대한 원둘레의 비를 의미한다. 기호로 π로 나타내며, '파이'라고 읽는다. $\pi=3.1415926\cdots$

도전하기

(1) 정사면체, 정육면체, 정팔면체, 정십이면체, 정이십면체에 대하여 다음 표에 꼭짓점의 개수, 모서리의 개수, 면의 개수를 구해보자.

	꼭짓점의 개수	모서리의 개수	면의 개수
정사면체			
정육면체			
정팔면체			
정십이면체			
정이십면체			

(2) 정다면체에 대해서 꼭짓점의 개수, 모서리의 개수, 면의 개수는 서로 어떤 관계가 있는지 알아보자.

정답 (1)

	꼭짓점의 개수	모서리의 개수	면의 개수
정사면체	4	6	4
정육면체	8	12	6
정팔면체	6	12	8
정십이면체	20	30	12
정이십면체	12	30	20

(2) (꼭짓점의 개수)−(모서리의 개수)+(면의 개수)=2

2.2 정육면체의 전개도를 완성해 보자!

어떤 정육면체에는 여섯 개의 면에 과 같은 무늬가 그려져 있습니다. 이 정육면체를 다른 방향에서 보면 오른쪽 그림과 같습니다. 이 정육면체의 전개도를 완성해 봅시다. (단, 조각의 위치뿐 아니라 방향도 맞아야 합니다.)

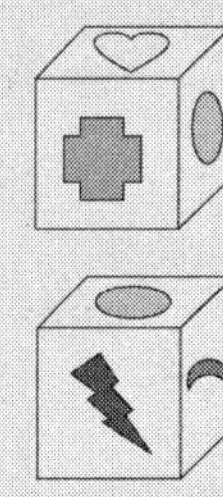

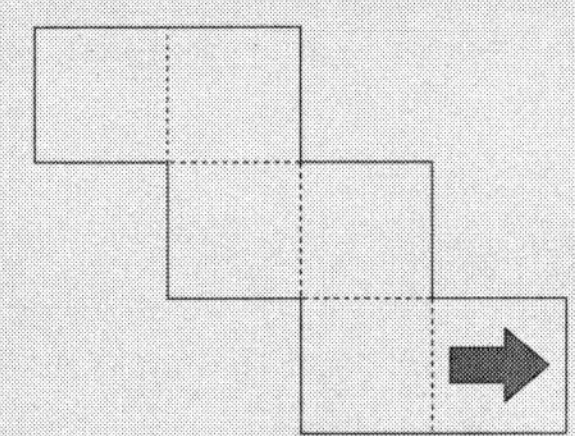

직접 정육면체를 만들어 보자. 만든 정육면체를 그림처럼 펼쳐 보면 다음과 같은 답이 나온다.

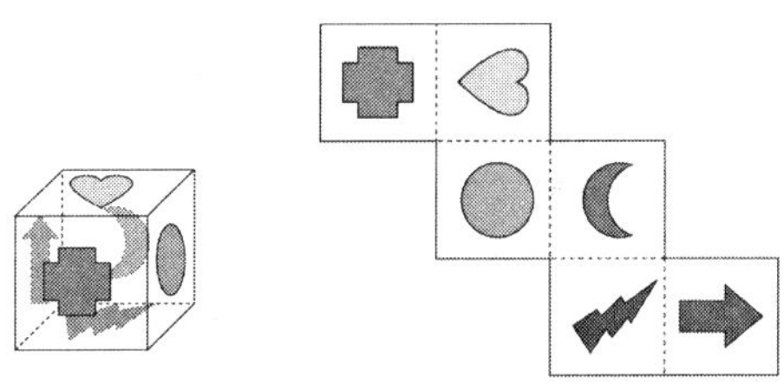

정육면체의 전개도는 옆면 4개를 붙여 생각하면 이해가 쉽다. 그러므로 옆면을 연속 붙인 [그림 1]에서 양 끝 옆면을 위 아래로만 보내면 [그림 2]와 같이 전개도를 만들 수 있다.

[그림 1]

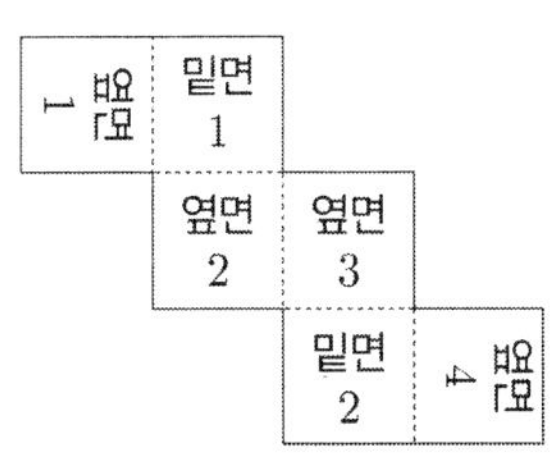

[그림 2]

이와 같은 원리를 활용하여 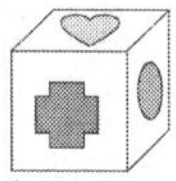 그림에서 을 옆면 1, 을 옆면 2, 을 옆면 3, 을 밑면 1, 을 밑면 2로 놓는다. 그림에서 보면 모양의 왼쪽이 어느 경우에도 보이지 않는 것을 알 수 있는데, 이를 통해 옆면 4가 모양임을 알 수 있다. 이를 전개도에 그려보면 다음과 같이 표현된다.

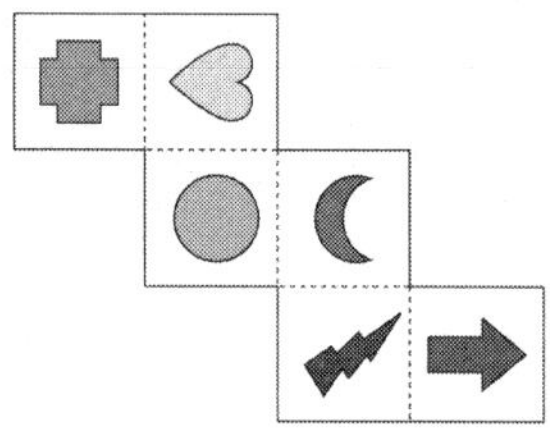

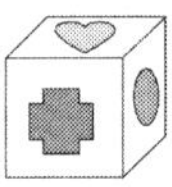에서는 3개의 면이 보인다. 이 3개의 면을 만들려면 어떻게 해야 할까? 전개도에서 두꺼운 선을 서로 붙이면 위의 세 그림은 점선으로 된 화살표에 들어가게 된다. 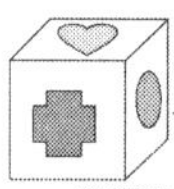와 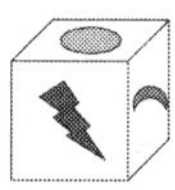 그림에서 동일하게 나타나는 를 기준으로 다시 살펴보면 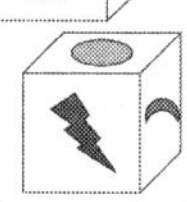의 그림들은 전개도에서 실선으로 된 화살표에 들어가게 된다. 그림에서 보이지 않는 화살표 그림까지 채우면 아래와 같이 완성된다.

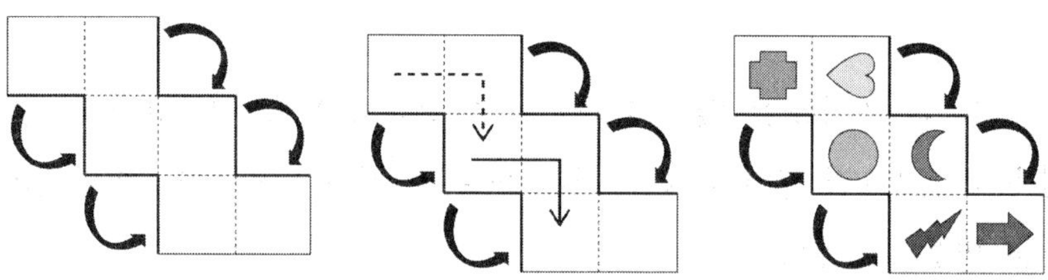

도전하기

(1) 주사위의 전개도를 그린 것이다. 주사위의 평행한 두 면의 눈의 합이 7이 되도록 전개도에 눈을 그려 보자.

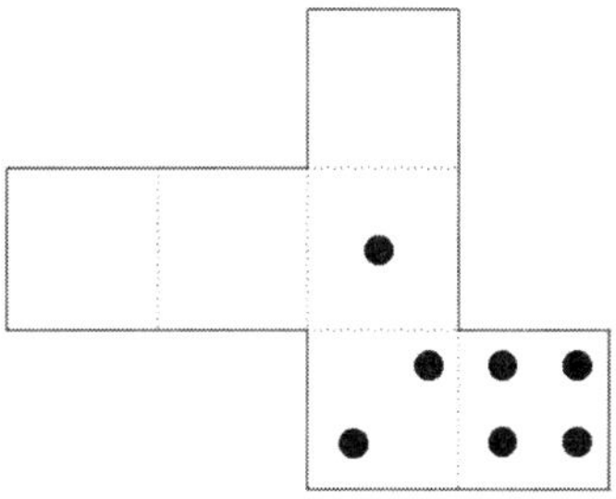

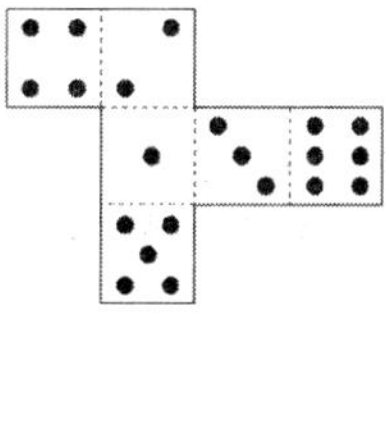

(1) 답안

2.3 어떤 전개도를 사용해야 할까요?

피사의 사탑처럼 기울어진 속이 빈 호스가 있다. 그림과 같이 호스의 옆면을 선을 따라 잘라 펼치면 어떤 모양이 됩니까?

원기둥의 옆면은 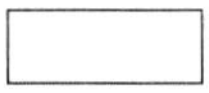(직사각형)이야. 그럼 기울어진 원기둥은 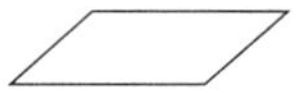 (평행사변형) 모양이 될 것 같아. 이것은 오답이다.

직접 비슷한 모양을 잘라보자.
대파를 어슷 썰어 보면 위와 같은 기울어진 원기둥을 만들 수 있어. 그림처럼 잘라 벗겨 보면 정답을 알 수 있지.

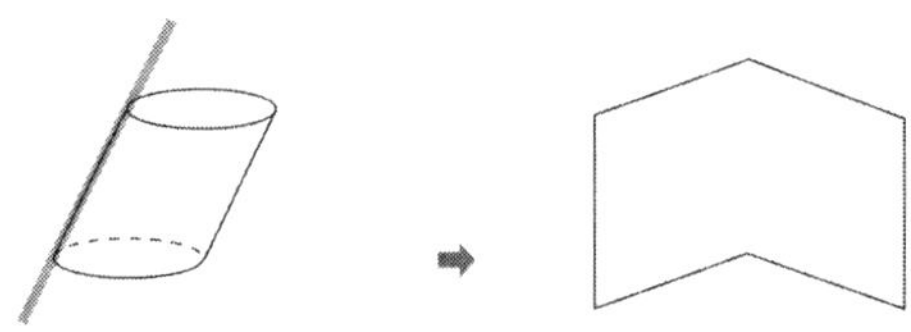

기울어진 원기둥에 물감을 묻혀 굴려봐. 그럼 그림과 같은 모양이 만들어져.

Tip 위와 같은 입체도형을 빗원기둥(oblique circular cylinder)이라고 한다. 빗원기둥은 원기둥 중에서 축(또는 모선)과 밑면이 수직이 아니고 비스듬하게 기울어진 원기둥을 말한다.

도 전 하 기

(1) 기울어진 원기둥의 정면의 중앙을 그림과 같이 잘라 옆면을 펼치면 어떤 전개도가 나올까요?

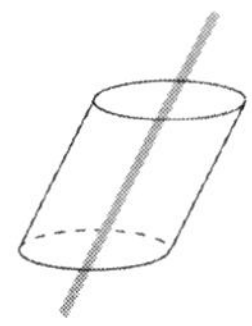

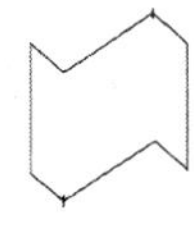

(1)

2.4 축구공에는 면, 꼭짓점, 모서리가 몇 개 있을까?

정우는 생일에 축구공을 선물로 받았습니다. 그런데 가만히 살펴보니 축구공은 정오각형과 정육각형이 서로 이어져 있습니다. 형의 말로는 정이십면체의 꼭짓점을 깎으면 축구공을 만들 수 있다고 합니다. 그래서 축구공을 깍은 정이십면체라고 부른다고 합니다. 그렇다면 깎은 정이십면체인 축구공에는 면, 꼭짓점, 모서리가 몇 개나 있습니까?

직접 세어보면 알 수 있지. 우선 축구공을 살펴보니 오각형이 12개, 육각형이 20개이네. 그리고 면은 모두 32개야. 이번엔 꼭짓점의 수를 세어보자. 하나, 둘, 셋, 넷, 다섯, 여섯, …… 이런, 어디까지 세었더라? 집중하지 않으면 계속 틀리겠는걸. 아휴~ 이제 겨우 모두 세었네. 꼭짓점의 수는 60개야. 이제 모서리의 수만 세면 되겠네. 하지만 모서리를 세는 것은 꼭짓점보다 더 힘들겠는걸! 직접 세지 않고 알 수 있는 방법은 없을까?

그림을 그려서 생각해 보자. 축구공은 깎은 정이십면체라고 했잖아. 그럼, 정이십면체를 아래 그림과 같은 방법으로 깎으면 축구공 즉, 깎은 정이십면체가 만들어진다고 할 수 있겠지.

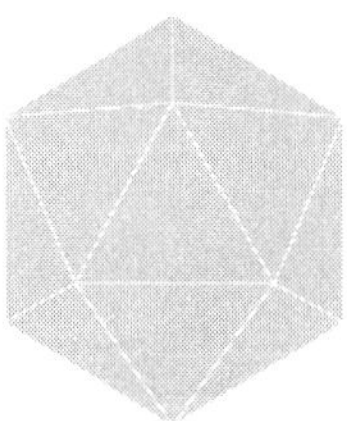
[그림 1]

[그림 2]

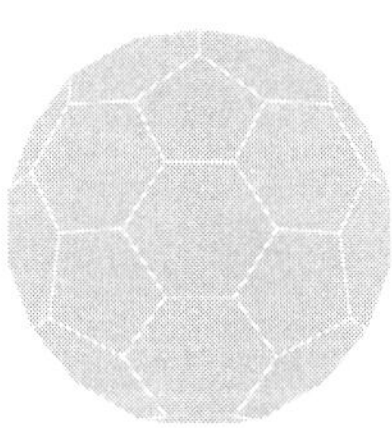
[그림 3]

우선 면의 수부터 알아보자. 정이십면체의 꼭짓점은 모두 12개야. 꼭짓점을 깎으면 꼭짓점에 있던 자리에 정오각형이 만들어지고 정삼각형은 정육각형으로 변하지. 삼각형의 개수에는 정육각형도 20개가 만들어지는 것이고, 정오각형은 12개가 만들어지니까 면의 수는 모두 32개야.
이제 꼭짓점의 수를 알아볼까? 정이십면체의 꼭짓점은 모두 12개야. 그런데 한 개의 꼭짓점을 깎으면 정오각형이 만들어지니까 꼭짓점 5개가 만들어지는 거야. 꼭짓점 12개를 깎으면 각 꼭짓점에서 5개의 꼭짓점이 새로 만들어지니까 깍은 정이십면체의 꼭짓점의 수는 $12\times5=60$으로 모두 60개야.
마지막으로 모서리의 수를 알아보자. 정오각형의 변은 5개, 정육각형의 변은 6개야. 정오각형이 12개, 정육각형이 20개니까 모서리는 $12\times5+20\times6=180$, 모두 180개야. 그런데 두 개의 변이 만나서 하나의 모서리를 만드니까 180을 2로 나누면 90이고, 따라서 깎은 정이십면체의 모서리는 모두 90개라고 할 수 있지.

TIP 모든 다면체의 외각의 크기의 합은 720°이다. 따라서 한 꼭짓점의 외각의 크기를 구하면 꼭짓점의 개수를 구할 수 있다. 축구공 다면체의 경우에 한 꼭짓점에 모이는 평면도형은 정육각형 2개와 정오각형 1개가 만난다. 따라서 한 꼭짓점에서 외각의 크기는 12°가 된다. 그러므로 $720\div12=60$이므로 축구공 다면체의 꼭짓점의 개수는 60개가 된다. 모서리의 수는 한 꼭짓점에 모이는 모서리의 수가 3개씩인데 한 모서리가 두 꼭짓점을 공유하므로 모서리의 개수는 $60\times3\div2=90$이 된다. 마지막으로 다면체에는 $v-e+f=2$라는 오일러 정리가 성립하므로 이 식에 꼭짓점의 개수=60, 모서리의 개수=90을 대입하면 면의 수는 32라는 것을 알 수 있다.

도 전 하 기

(1) 오른쪽 그림과 같이 정이십면체의 한 변의 길이를 3등분하여 각 점에서 평행한 선을 연결하면 모두 삼각형으로 분할된다. 이것이 지오데식 구이다. 그러면 지오데식 구에서 정삼각형의 수는 모두 몇 개인지 구해 보자.

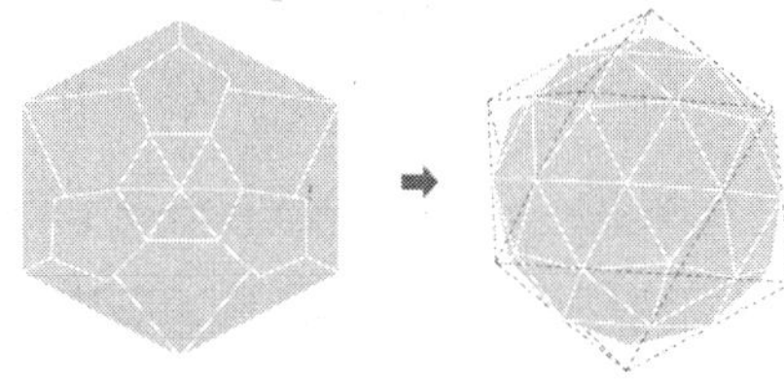

정답 (1) 180개

2.5 피라미드를 이루는 각의 크기의 합은?

고대 7대 불가사의 중에서 현재까지 그 모습이 전해져 오는 것은 이집트의 피라미드입니다. 그런데 대부분의 피라미드는 사각뿔 모양을 하고 있습니다. 사각뿔 모양인 피라미드를 이루는 모든 각의 크기의 합은 몇 도인지 알아봅시다.

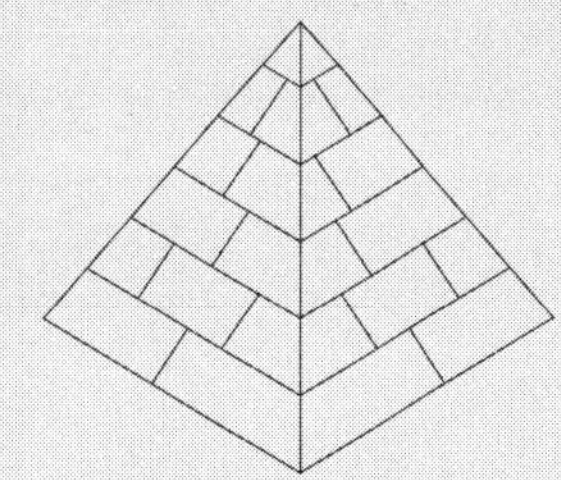

각도기를 이용하여 각각의 각의 크기를 재어 더해 보자.
사각뿔 모양 피라미드 밑면인 사각형 1개와 옆면인 삼각형 4개의 모든 각을 재어 그 합을 구해보면 약 1080°가 된다는 것을 알 수 있네.

사각뿔은 밑면인 사각형 1개와 옆면인 삼각형 4개로 이루어져 있으니 삼각형 내각의 크기의 합이 180°이고 사각형 내각의 크기의 합이 360°임을 이용하면 $(360° \times 1)+(180° \times 4)=1080°$라고 계산할 수 있겠군.

각뿔들의 모든 각의 크기의 합이 어떻게 되는지 규칙을 찾아보면 좀 더 일반화된 식을 찾을 수 있지 않을까?
사각뿔은 사각형 1개와 삼각형 4개로 이루어지고 사각형은 2개의 삼각형으로 나누어지므로 삼각형 6개에 해당하니 $(180° \times 6)=1080°$
오각뿔은 오각형 1개와 삼각형 5개로 이루어지고 오각형은 3개의 삼각형으로 나누어지므로 삼각형 8개에 해당하니 $(180° \times 8)=1440°$
육각뿔은 육각형 1개와 삼각형 6개로 이루어지고 육각형은 4개의 삼각형으로

나누어지므로 삼각형 10개에 해당하니 $(180° \times 10) = 1800°$

n각뿔은 n각형 1개와 삼각형 n개로 이루어지고 n각형은 $(n-2)$개의 삼각형으로 나누어지므로 $(n-2+n)$개에 해당하니 $180° \times 2(n-1)$이다.

도전하기

(1) 십이각뿔을 이루고 있는 모든 각의 크기의 합은 몇 도인지 구해 보자.

(2) 잉카유적지에는 사각뿔대 모양의 제단이 있다. 사각뿔대 모양의 제단의 모든 각의 크기의 합은 몇 도인지 구해 보자.

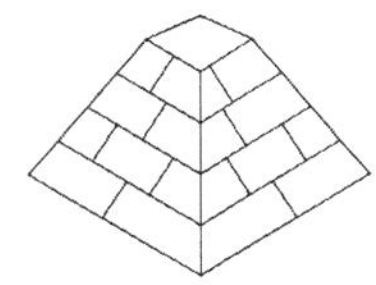

정답 (1) 3960° (2) 2160°

2.6 정사면체 속에 정사면체가 몇 개?

정사면체의 각각의 모서리를 사등분할 수 있는 위치에 표시를 하고, 표시한 부분을 따라 각각의 면에 평행인 평면으로 사면체를 분할하려고 합니다. 위에서부터 4번째 단에는 몇 개의 작은 정사면체가 있는지 알아봅시다.

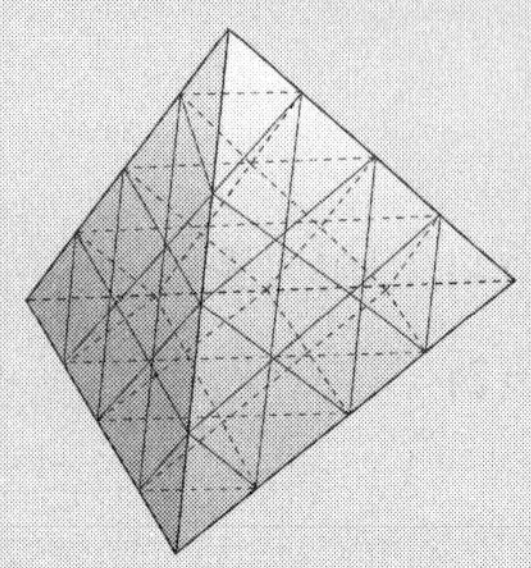

정사면체 옆면을 보니 4번째 단에는 한 면에 6개의 삼각형이 있고 3개의 면으로 둘러싸여 있으니 $6 \times 3 = 18$개이다. 이것은 오답이다.

평면도형은 서로 중복되는 부분과 보이지 않는 부분까지 생각하지 못하니 입체도형을 분할하여 생각해 보자.

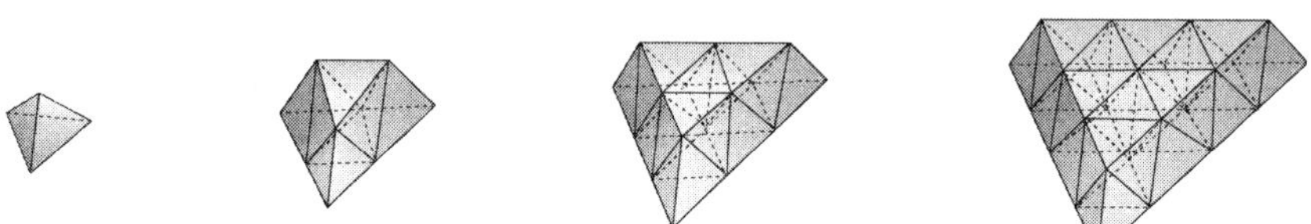

1단 2단 3단 4단

쉬운 1단일 때부터 생각해 보면

1단은 정사면체가 1개

2단은 정사면체가 3개, 가운데 정팔면체가 1개

3단은 정사면체 7개, 가운데 정팔면체 3개

4단은 정사면체 13개, 가운데 정팔면체 6개이므로

4번째 단에는 13개의 정사면체가 있다.

그러면 이와 같은 규칙으로 1단, 2단, 3단, ……으로 늘어났을 때 정사면체의 개수는 어떻게 되는지 규칙을 찾아볼까?

1단의 개수=1개

2단의 개수=1+2=3개

3단의 개수=1+2+3+(1)=7개

4단의 개수=1+2+3+4+(1+2)=13개

도 전 하 기

(1) 정사면체의 각각의 모서리를 5등분할 수 있는 위치에 표시를 하고, 표시한 부분을 따라 각각의 면에 평행인 평면으로 사면체를 분할해 보자. 과연 5번째 단에는 몇 개의 작은 정사면체가 있을지 구해 보자.

정답 (1) 21개

Ⅲ
측정 영역

01 길이 탐구하기

길이는 길고 가느다란 물건의 속성으로, 두 점 사이의 거리도 길이에 의해 측정되고, 한 영역을 돌아가는 거리인 둘레도 길이로 측정된다. 길이는 대상이 가지고 있는 속성 중 가장 쉽게 지각되는 것 중의 하나이다. 아이들이 길이를 인식하기 위해서는 길고 가느다란 사물의 속성으로 인지할 수 있도록 비교하는 활동을 하는 것이 좋다. 예를 들어 연필 두 개를 맞대어 보거나, 떨어져 있는 두 대상을 막대를 이용하여 비교하는 것이 필요하다.

길이는 넓이를 구하는 데 필요하고, 부피를 구하는 데에도 필수적으로 요구된다. 길이를 재기 위해서는 자를 이용하여 직접 잴 수 있지만, 그것이 불가능한 경우에는 닮음비와 같은 다른 수학적 원리를 이용하여 잴 수도 있다. 예를 들어 지구의 둘레를 최초로 측정한 사람은 에라토스테네스(Eratosthenes, B.C. 275~194)인데, 그는 막대와 그림자를 이용하여 지구의 둘레를 계산하였다.

1.1 지름길을 찾아라.

목장에 있는 양을 몰아 냇가로 가서 물을 먹인 다음 축사로 가려고 합니다. 목장에서 냇가를 들러 축사로 가는 지름길을 찾아봅시다.

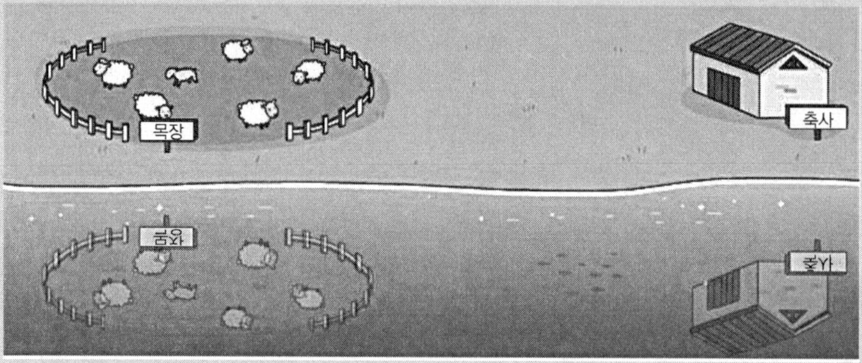

목장과 축사 중간 지점 정도면 지름길이 아닐까? 중간 어디쯤 대충 잡아서 물 먹이고 축사로 돌아가자. 그런데 중간 지점이 정말 지름길일까?

목장과 축사, 냇가를 간단히 점으로 표현해보자.

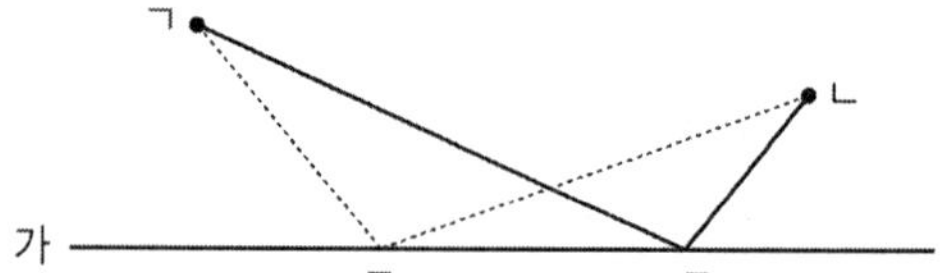

중간 지점 ㄷ을 거치면 길이가 얼마인지 자로 재어 보자.
또 다른 지점 ㄹ을 거치면 길이가 얼마인지 자로 재어 보자.
이렇게 모든 점을 다 재어 보면 지름길을 찾을 수 있을까?

물에 목장과 축사가 반사되어 보이네. 그 지점의 특징을 찾아보자.

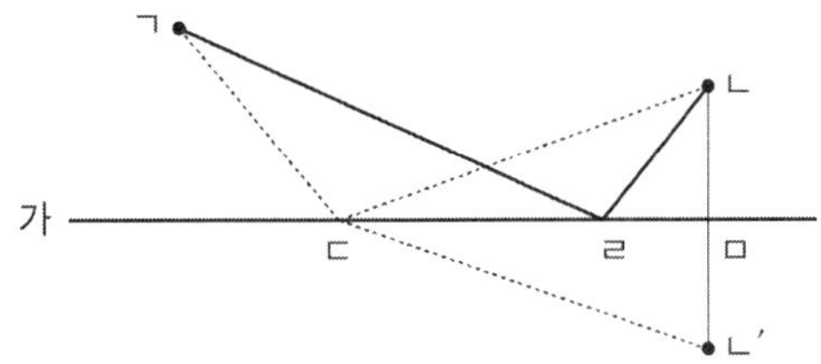

축사 ㄴ이 냇가에 반사된 지점 ㄴ′을 ㄷ과 연결해보니 삼각형 ㄴㄷㅁ과 삼각형 ㄴ′ㄷㅁ은 합동이구나(SAS 합동). 그럼 선분 ㄷㄴ과 선분 ㄷㄴ′은 길이가 같겠구나.

목장에서 냇가를 들러 축사로 돌아가는 길인 선분 ㄱㄷ, 선분 ㄷㄴ을 합한 길이는 선분 ㄱㄷ, 선분 ㄷㄴ′으로 바꾸어서 생각할 수 있겠다. 그렇다면 최단거리는 점 ㄱ과 점 ㄴ′을 일직선으로 이은 선분이라고 생각할 수 있겠구나.

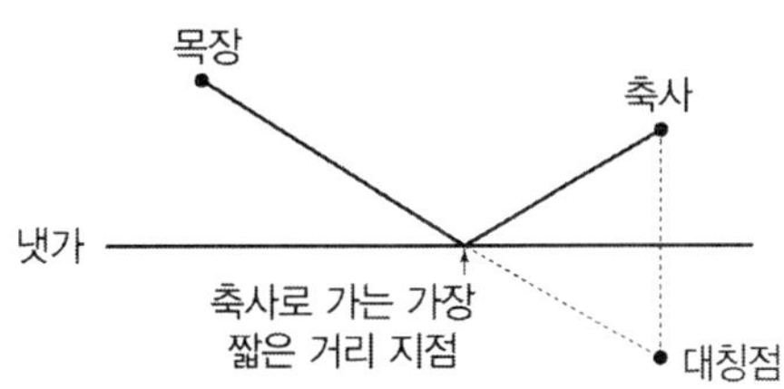

Tip 한 도형을 어떤 직선으로 접었을 때 완전히 겹치는 도형을 선대칭도형이라고 합니다. 이때 그 직선을 대칭축이라고 합니다.

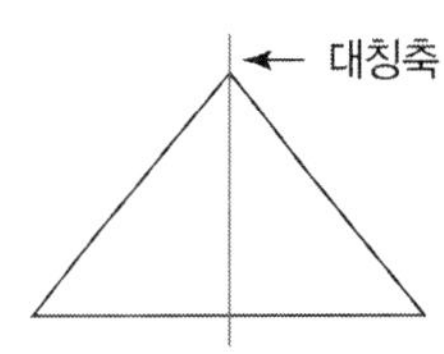

도 전 하 기

(1) 삼각형 ㄱㄴㄷ의 넓이를 구해 보자.

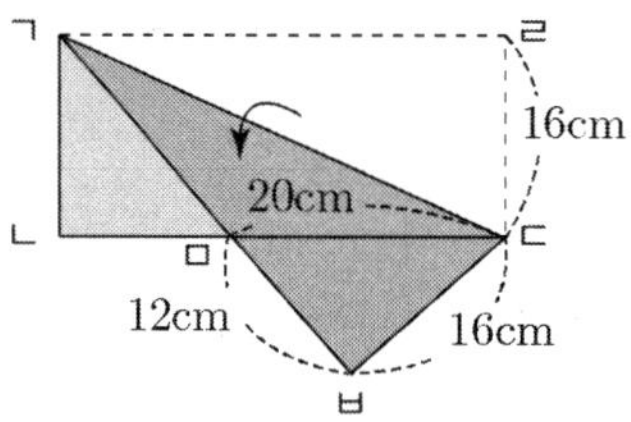

정답 (1) $256cm^2$

1.2 나팔꽃 줄기의 길이

나팔꽃이 원통형 기둥을 타고 나선형으로 줄기를 감싸며 올라갔습니다. 나팔꽃 줄기가 타고 올라간 기둥의 높이는 120 cm이고, 원통의 둘레는 40 cm입니다. 나팔꽃 줄기가 원통형 기둥을 한 번 감싸며 30 cm 올라간다면, 기둥을 감싼 나팔꽃 줄기의 총 길이는 얼마입니까?

원기둥을 펴서 전개도를 활용하여 구하면 어떨까? 전개도 위에선 나팔꽃이 어떤 모양으로 줄기를 감싸며 올라갔는지 궁금하네.

아래 그림에서 하나의 작은 직사각형의 가로의 길이는 원통의 둘레와 같으므로 40 cm이고, 높이는 원통형 기둥을 한 번 감싸며 올라간 높이와 같으므로 30 cm이다. 따라서 직사각형의 대각선의 길이는 50 cm가 된다. 나팔꽃이 한 번 감싸면 30 cm 높이씩 올라가서 120 cm까지 총 4번을 반복하므로 나팔꽃 줄기의 총 길이는 200 cm가 된다.

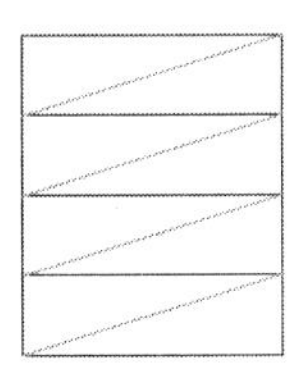

Tip (피타고라스 정리) 직각삼각형에서 세 변 a, b, c 사이의 길이의 관계는 $a^2 = b^2 + c^2$이 성립한다.

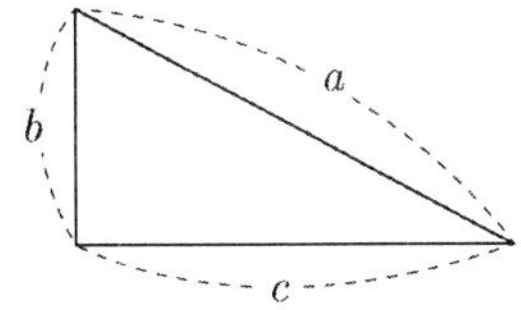

도 전 하 기

(1) 아래 그림과 같이 직육면체 상자에서 거미가 A지점에서 B지점까지 최단거리로 이동하려고 한다. 거미가 이동한 거리를 구해 보자. (단, 가로의 길이는 6 cm, 세로의 길이는 3 cm, 높이는 5 cm)

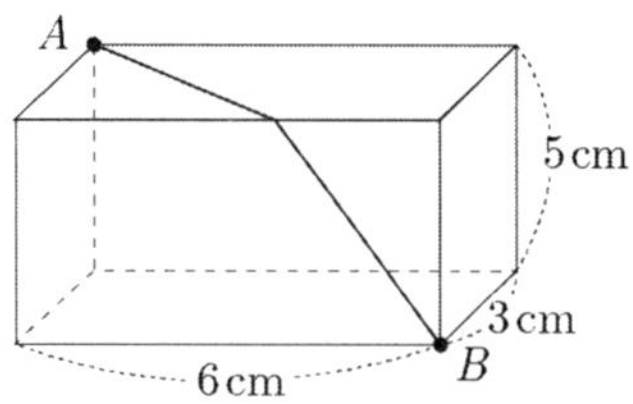

정답 (1) 10cm

1.3 장난감 기차 만들기

4 cm와 7 cm 길이의 장난감 기차를 길게 연결하여 여러 가지 길이의 기차를 만들려고 합니다. 4 cm나 7 cm 또는 두 가지를 섞어서 연결할 때 만들어지지 않는 길이 중에서 가장 긴 것을 구해 봅시다.

4 cm와 7 cm를 각각 이어 붙일 때 그 길이를 구해 보면 다음과 같다.

4 cm : 4, 8, 12, 16, 20, 24, 28, 32, ⋯

7 cm : 7, 14, 21, 28, 35, 42, 49, ⋯

4 cm + 7 cm : 11, 15, 18, 19, 22, 23, 25, 26, 27, ⋯

따라서 위에 나열된 수를 살펴보면 4 cm나 7 cm 또는 두 가지를 섞어서 연결하여도 만들어지지 않는 길이 중에서 가장 긴 것은 17 cm임을 알 수 있다.

7, 14, 21에 4를 계속 더해 가면 28부터는 4와 7을 이용하여 만들 수 있음을 알 수 있다. 예를 들어 $29=8+21$, $30=16+14$, $31=20+21$, ⋯. 따라서 28보다 작은 수를 찾으면 된다.

4의 배수 : 4, 8, 12, 16, 20, 24, 28

7의 배수 : 7, 14, 21, 28

7+(4의 배수) : 11, 15, 19, 23, 27

14+(4의 배수) : 18, 22, 26

21+(4의 배수) : 25

위의 수를 제외하면 얻을 수 없는 수는 5, 6, 9, 10, 13, 17이다. 이 중에서 가장 큰 수는 17 cm임을 알 수 있다.

위의 문제 상황을 식으로 표현하면 $4m+7n$이 된다. 이 식에서 적당한 m, n을 선택하여 1을 만들면 $4(2)+7(-1)=1$이 된다. 이 식에 4와 7의 최소공배수인 28을 더하여 등식이 성립하도록 변형하면 아래와 같다.

$$4(2)+7(-1)+7(4)=1+28=4(2)+7(3)=29$$

이후의 어떤 수도 적당한 m, n을 선택하여 28에 2, 3, 4, …를 만들어 더하면 되므로 28 이후의 수는 모두 구할 수 있다. 따라서 그 이하의 수에서 만들 수 없는 가장 큰 수를 찾으면

4의 배수 : 4, 8, 12, 16, 20, 24, 28
7의 배수 : 7, 14, 21, 28
7+(4의 배수) : 11, 15, 19, 23, 27
14+(4의 배수) : 18, 22, 26
21+(4의 배수) : 25

17 cm임을 알 수 있다.

Tip 위 식에서 4와 7과 같이 두 수가 서로 소인 경우에 두 수의 최소공배수 이후의 수는 모두 만들 수 있다. 예를 들어 3과 4를 예로 들면 두 수의 최소공배수인 12 이후의 수는 다음과 같이 모두 만들 수 있다.

$3(-1)+4(1)=1$이므로 $3(3)+4(1)=13$
$3(2)+4(-1)=2$이므로 $3(2)+4(2)=14$
$3(-3)+4(3)=3$이므로 $3(1)+4(3)=15$, …이다.

도 전 하 기

(1) 4 cm와 5 cm 길이의 장난감 기차를 길게 연결하여 여러 가지 길이의 기차를 만들려고 한다. 4 cm나 5 cm 또는 두 가지를 섞어서 연결할 때 만들어지지 않는 길이 중에서 가장 긴 것을 구해 보자.

정답 (1) 11cm

1.4 둘레의 길이를 재어 보자.

세 변의 길이가 모두 같은 삼각형을 정삼각형이라고 합니다. 정육각형은 정삼각형 6개를 가지고 만들 수 있습니다. 아래 그림에서 정삼각형 한 변의 길이는 2cm입니다. 정삼각형의 한 변의 길이를 이용하여 다음 표를 완성해 봅시다.

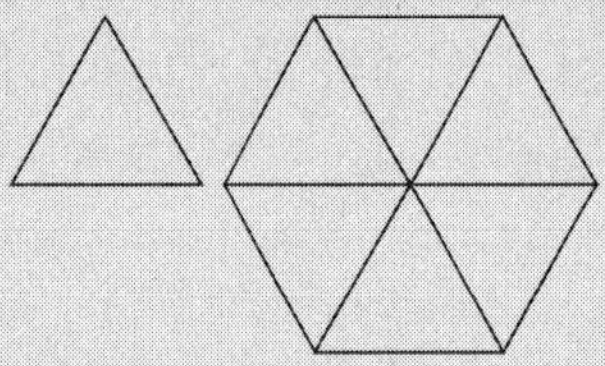

구분	길이(cm)
정육각형의 둘레	
정육각형에 외접한 원의 지름	
정육각형에 외접한 원의 둘레	
원에 외접한 정사각형의 둘레	

정삼각형 한 변의 길이를 이용하면 표를 완성할 수 있어.

- 정육각형 둘레의 길이 : $2\times6=12$ (cm)
- 정육각형에 외접한 원의 지름의 길이 : $2\times2=4$ (cm)
- 정육각형에 외접한 원의 둘레의 길이 : $2\times2\times\pi=4\pi$ (cm)
- 원에 외접한 정사각형의 둘레의 길이 : $2\times2\times4=16$ (cm)

정삼각형의 한 변의 길이와 표에서 구하고자 하는 각 길이 사이의 관계를 살펴보면 길이를 직접 구하지 않고도 쉽게 알 수 있어.

- 정육각형 둘레의 길이 : 정삼각형 한 변의 길이의 6배
- 정육각형에 외접한 원의 지름의 길이 : 정삼각형 한 변의 길이의 2배
- 정육각형에 외접한 원의 둘레의 길이 : 정삼각형 한 변의 길이의 2π배
- 원에 외접한 정사각형의 둘레의 길이 : 정삼각형 한 변의 길이의 8배

도 전 하 기

(1) 한 변의 길이가 2 cm인 정삼각형 한 변의 길이를 2, 3, 4배 했을 때 정육각형, 정육각형에 외접한 원의 지름과 둘레, 원에 외접한 정사각형의 둘레의 길이를 구해 보자.

구분	길이(cm)		
	2배	3배	4배
정육각형의 둘레			
정육각형에 외접한 원의 지름			
정육각형에 외접한 원의 둘레			
원에 외접한 정사각형의 둘레			

정답 (1)

구분	길이(cm)		
	2배	3배	4배
정육각형의 둘레	24	36	48
정육각형에 외접한 원의 지름	8	12	16
정육각형에 외접한 원의 둘레	8π	12π	16π
원에 외접한 정사각형의 둘레	32	48	64

1.5 나선 모양 선분의 길이를 합하면?

다음 규칙에 따라 선을 그리려고 합니다.

> 규칙: 첫 번째 선분은 8 cm로 그리고, 두 번째 선분은 첫 번째 선분에 직각이 되고 처음 길이의 $\frac{1}{2}$인 4 cm 선분을 그립니다. 세 번째 선분은 두 번째 선분에 직각이 되고 두 번째 선분 길이의 $\frac{1}{2}$인 2 cm 선분을 그립니다.

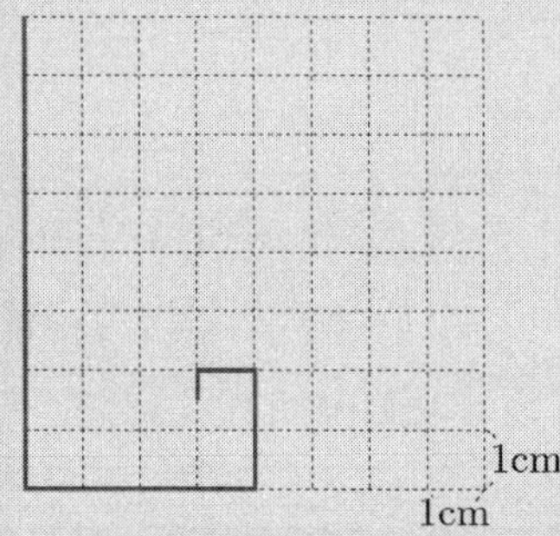

이와 같은 방법으로 계속해서 그려 나갈 때 모든 선분의 길이의 합을 알아봅시다.

나선 모양 선분의 길이를 재어 보면

$8+4+2+1+\frac{1}{2}+\frac{1}{4}+\cdots$ 이 다음은 더 이상 잴 수는 없지만, 각 선분이 그 앞 선분의 절반과 같다는 건 알지. 계산기를 써서 계산해 보니 16에 가까워지네.

처음에 그린 선분의 길이는 8이야. 그러면 나머지의 길이만 구하면 된다. 오른쪽 그림과 같이 두 번째 선분부터 마지막 선분을 한 선 위에 펼치면 8이 된다는 것을 알 수 있다. 따라서 나선 모양 선분의 길이를 합하면 $8+8=16\,(\text{cm})$가 된다.

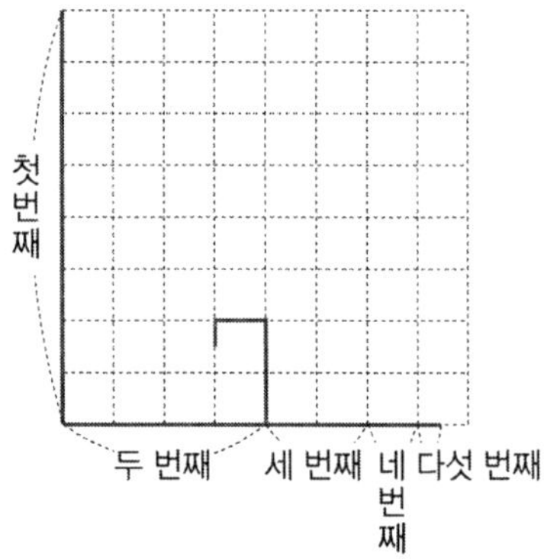

도 전 하 기

(1) 첫 번째 선분의 길이가 48 cm이고, 선분들이 매번 $\frac{1}{2}$배씩 작아지는 나선의 길이의 합은 얼마인지 구해 보자.

답 (1) 96 cm

1.6 모든 선분의 길이는?

아래와 같이 한 변의 길이가 1 cm인 정사각형을 크기가 같은 직사각형 4개로 둘러싸는 모양을 만들었습니다. 이렇게 모양을 만들면 다섯 번째 모양의 모든 선분의 길이의 합은 얼마입니까?

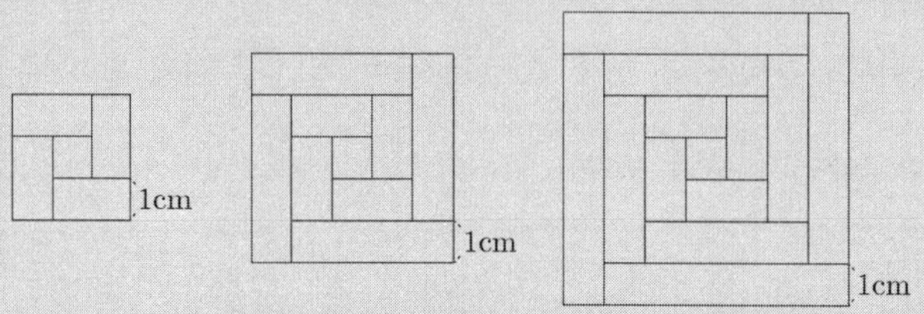

일일이 계산해 보면 알 수 있지. 우선 첫 번째 도형의 선분의 길이는 3 cm인 선분이 4개, 2 cm인 선분이 4개 있어. 그래서 $3\times4+2\times4=20$으로 20 cm야. 두 번째 도형의 선분의 길이는 5 cm인 선분이 4개, 4 cm인 선분이 4개, 2 cm인 선분이 4개 있어. 그래서 $5\times4+4\times4+2\times4=44$로 44 cm야. 세 번째 도형의 선분의 길이는 7 cm인 선분이 4개, 6 cm인 선분이 4개, 4 cm인 선분이 4개, 2 cm인 선분이 4개 있어. 그래서 $7\times4+6\times4+4\times4+2\times4=76$으로 76 cm야. 네 번째 도형의 선분의 길이는 9 cm인 선분이 4개, 8 cm인 선분이 4개, 6 cm인 선분이 4개, 4 cm인 선분이 4개, 2 cm인 선분이 4개 있어. 그래서 $9\times4+8\times4+6\times4+4\times4+2\times4=116$으로 116 cm야. 다섯 번째 도형의 선분의 길이는 11 cm인 선분이 4개, 10 cm인 선분이 4개, 8 cm인 선분이 4개, 6 cm인 선분이 4개, 4 cm인 선분이 4개, 2 cm인 선분이 4개 있어. 그래서 $11\times4+10\times4+8\times4+6\times4+4\times4+2\times4=164$로 164 cm야. 아휴~ 너무 복잡하다. 일일이 계산하지 않고 알 수 있는 방법은 없을까?

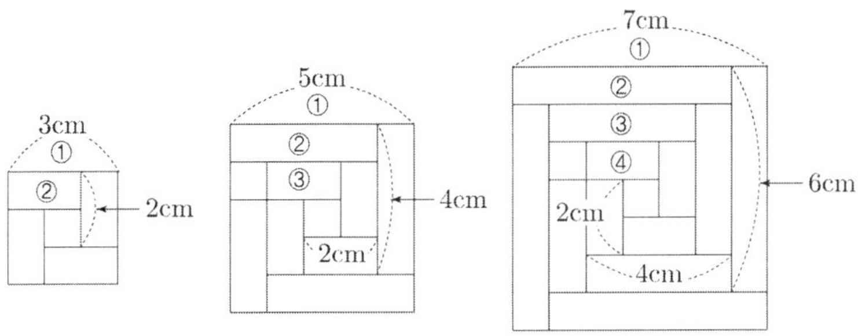

규칙을 찾아보자.

첫 번째 도형은 $\{2+(2+1)\}\times 4$

두 번째 도형은 $\{2+4+(4+1)\}\times 4$

세 번째 도형은 $\{2+4+6+(6+1)\}\times 4$

⋮

n 번째 도형은 $\{2+4+6+\cdots+(n\times 2)+(n\times 2+1)\}\times 4$이야.

따라서 다섯 번째 도형은 $\{2+4+6+8+(5\times 2)+(5\times 2+1)\}\times 4=41\times 4=164$

(해법수학영재교육연구회, 2006).

도 전 하 기

(1) 한 변의 길이가 2 cm인 정사각형을 크기가 같은 직사각형 4개로 둘러싸는 모양을 만들었다. 아래 그림과 같은 규칙으로 모양을 만들 때 일곱 번째 모양의 모든 선분의 길이의 합을 구해 보자.

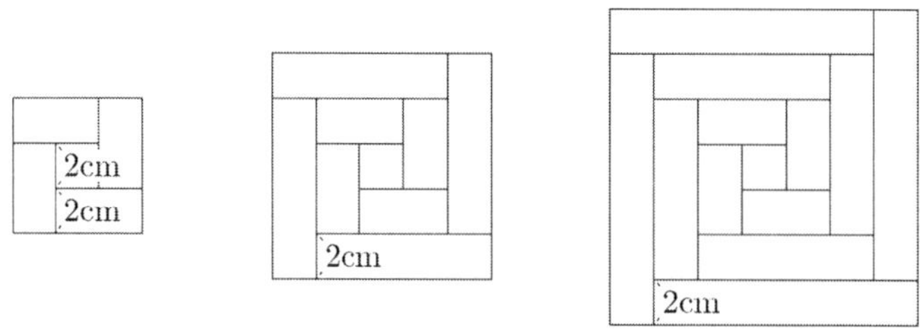

정답 (1) 568 cm

02 넓이, 부피 탐구하기

넓이는 평면을 덮는 영역의 속성으로, 하나를 다른 것에 포개어봄으로써 넓이를 비교할 수 있다. 부피는 3차원 물체가 어느 정도 공간을 차지하고 있는가를 나타내는 속성이다. 넓이와 부피는 1차원의 기본 속성인 길이를 이용하여 구할 수 있다.

둘레의 길이가 일정할 때 넓이가 가장 큰 평면도형은 원이고, 겉넓이가 일정할 때 부피가 가장 큰 입체도형은 구이다. 우리는 주변의 사물에서 적은 재료로 큰 부피를 가지는 육각형 구조를 쉽게 발견할 수 있는데, 벌집, 꽃잎의 모양, 곤충의 눈의 모양, 좋은 물의 상징인 육각수, 물질의 분자구조 등이 있다. 이러한 것은 스스로 안정되고 효율적인 형태를 만들어 내려는 자연의 섭리인 것이다. 자연으로부터 발견한 벌집구조는 비행기 구조 연구가와 재료 공학자에게 영향을 주어 여러 가지 구조물에 응용되고 있다.

2.1 누가 더 넓을까?

아파트 입주자 회의에서 지은 지 10년이 넘어 페인트가 군데군데 벗겨진 아파트 건물의 옆 벽면을 아래 그림과 같이 디자인하여 새로 페인트를 칠하기로 결정했습니다. 벽면을 칠하는 데 들어가는 페인트의 양은 A, B 중 어느 것에 더 많이 들어가는지 구해봅시다. 단, A, B의 세로 길이는 같습니다.

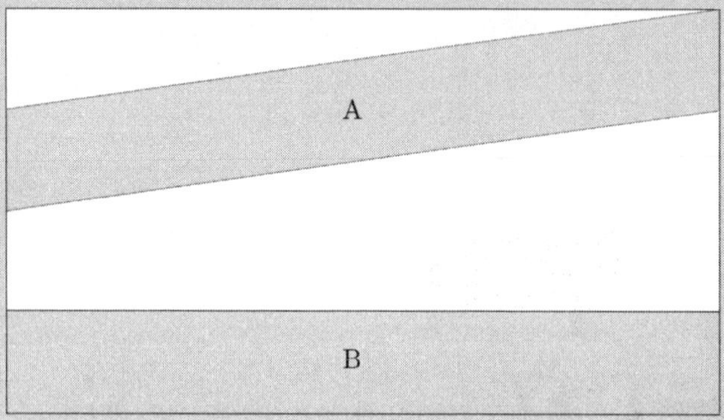

딱 봐도 알겠는걸. 옆으로 길쭉하게 늘어진 A가 더 넓어서 페인트가 더 필요할 것 같아. 이것은 오답이다.

사각형 A에 보조선을 그어봐. 보조선을 기점으로 해서 위의 삼각형을 아래로 내리면 사각형 B와 같아져. 그러니까 사각형 A와 B의 넓이는 같아. 그렇다면 A, B를 칠하는 데 들어가는 페인트 양은 같겠군.

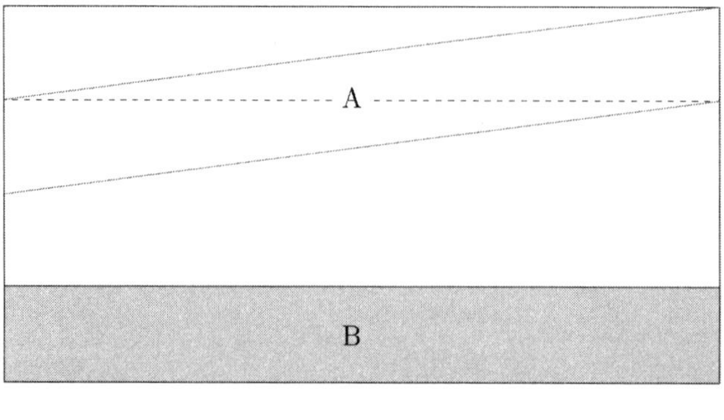

페인트의 양은 넓이와 관련이 있어. A, B 모두 사각형이니까 두 사각형의 넓이를 구하는 것에서 접근해 보자. 사각형 B는 직사각형으로 넓이를 구하는 공식은 (가로의 길이)×(세로의 길이)야. 사각형 A는 평행사변형으로 넓이를 구하는 공식은 (밑변의 길이)×(높이)야. 사각형 A, B의 세로 길이는 같으므로 사각형 A의 밑변의 길이와 사각형 B의 세로의 길이는 같다. 또 사각형 A의 높이와 사각형 B의 가로의 길이가 같으니까 사각형 A와 사각형 B의 넓이는 같아. 그러므로 A, B를 칠하는 데 필요한 페인트 양은 같아.

도 전 하 기

(1) [그림 1]은 한 변의 길이가 2 cm인 정사각형 2개를 붙여 놓은 것이고, [그림 2]는 정사각형 2개를 이용하여 물고기 모양을 만든 것이다. 이 물고기 모양의 타일을 바닥에 깔았더니 [그림 3]과 같이 붙여졌다. 이때 [그림 3]의 넓이는 얼마인지 구해보자.

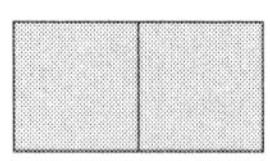

[그림 1]

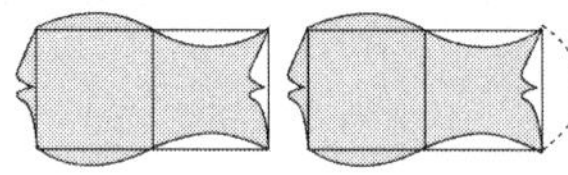

[그림 2]

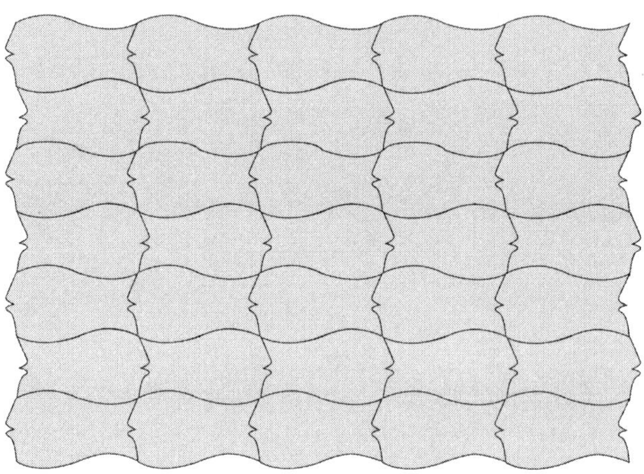

[그림 3]

정답 (1) 280cm^2

2.2 겹쳐진 부분의 넓이를 구하시오.

가로와 세로의 길이가 10 cm인 두 정사각형에서 정사각형의 한 꼭짓점이 다른 정사각형의 두 대각선의 교점에 놓여 있습니다. 이 때, 두 정사각형의 겹쳐진 부분의 넓이를 구해 봅시다.

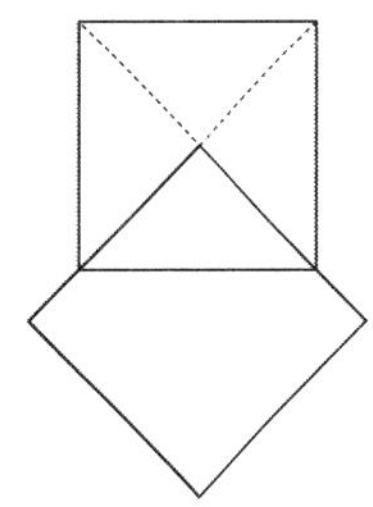

한 정사각형의 두 대각선 교점을 지난다고 했으니 겹쳐진 정사각형의 하나를 돌리면 그림과 같이 정사각형의 $\frac{1}{4}$이야. 따라서 겹쳐진 부분은 전체의 $\frac{1}{4}$이야. 그럼, $10\times10\times\frac{1}{4}=25\,(\text{cm}^2)$이지.

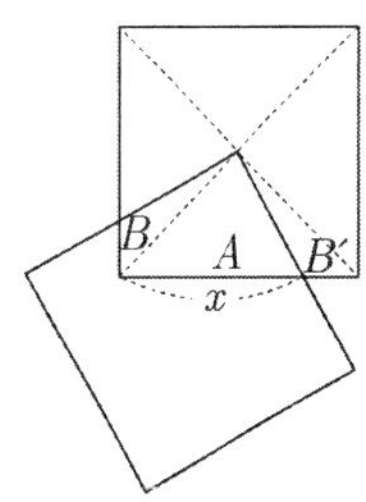

사각형을 삼각형 A와 B로 나누어서 구한다.
대각선의 중심을 지난다고 했으니 두 삼각형의 높이는 모두 $10\times\frac{1}{2}=5\,(\text{cm})$이다. 그리고 A 삼각형의 밑변의 길이를 x cm라 하면, B와 B′ 삼각형은 합동이므로 B 삼각형의 밑변의 길이는 $(10-x)$ cm이다. 따라서

$$\begin{aligned}\text{넓이}&=x\times5\times\frac{1}{2}+(10-x)\times5\times\frac{1}{2}\\&=(10-x+x)\times5\times\frac{1}{2}\\&=10\times5\times\frac{1}{2}\\&=25\,(\text{cm}^2)\end{aligned}$$

도전하기

(1) 같은 크기의 두 원이 그림과 같이 겹쳐져 있을 때 겹쳐진 부분의 넓이는 얼마인지 구해 보자. (단, 큰 원의 반지름은 8 cm이고, 원주율은 3.14로 한다.)

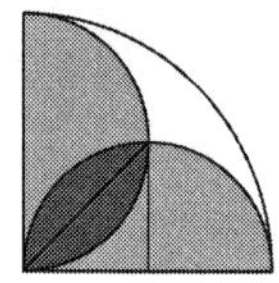

정답 (1) 9.12cm²

2.3 누구 땅이 더 넓을까?

놀부는 자신이 가지고 있는 땅에서 A와 B 중 한 부분씩 두 아들에게 물려주겠다고 했습니다. 두 아들은 어떤 땅을 선택할지 고민 중입니다. 어떤 땅을 선택하는 게 유리할까요?

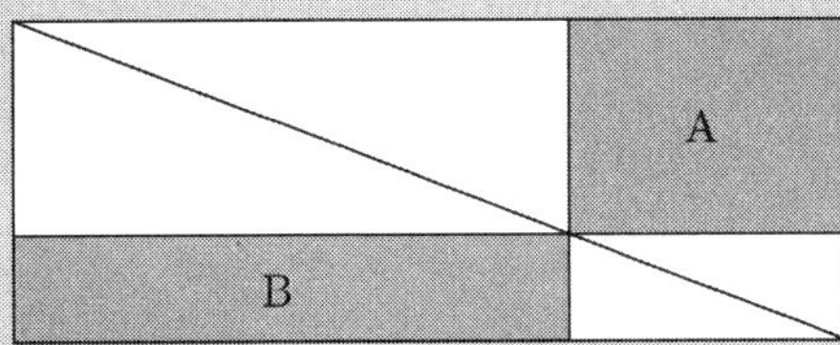

딱 봐도 알겠는걸. 옆으로 길쭉하게 늘어진 B가 더 넓으니까 B를 선택하는 게 좋을 것 같아. 이것은 오답이다.

사각형을 약간 변형시켜 보자. 사각형을 나눈 세로 선을 왼쪽으로 조금 옮겨 중앙에 맞춰 보면 사각형 A와 사각형 B는 전체 사각형의 $\frac{1}{4}$로 같아질 수 있는데 그럼 어느 땅을 선택하든지 같지 않을까?

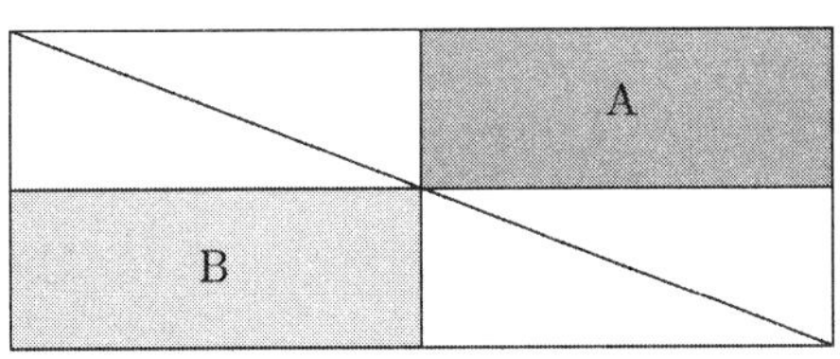

땅은 넓이와 관련이 있어. A, B 모두 사각형이니까 두 사각형의 넓이를 구하는 것에서 접근해 보자. 대각선을 중심으로 a+A+c와 b+B+d의 넓이는 같아. 같은 방식으로 삼각형 a와 b, c와 d의 넓이가 같으므로 A와 B의 넓이는 같아. 그러므로 어느 땅을 선택하든지 같지.

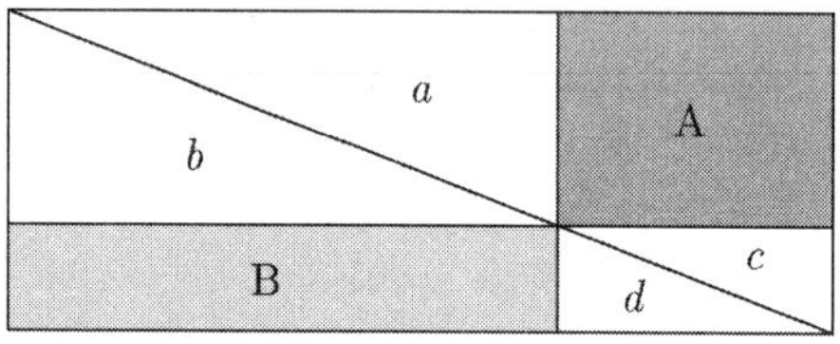

대각선으로 나누어지는 두 삼각형의 넓이를 구해보면

$$\frac{1}{2}ac+ad+\frac{1}{2}bd=\frac{1}{2}(a+b)(d+c)$$

$$ac+2ad+bd=ad+ac+bd+bc$$

$$ad=bc$$

로 A와 B의 넓이는 같아. 그럼 사각형을 나눈 세로 선을 어느 쪽으로 옮기든 사각형 A와 사각형 B의 넓이는 같겠군.

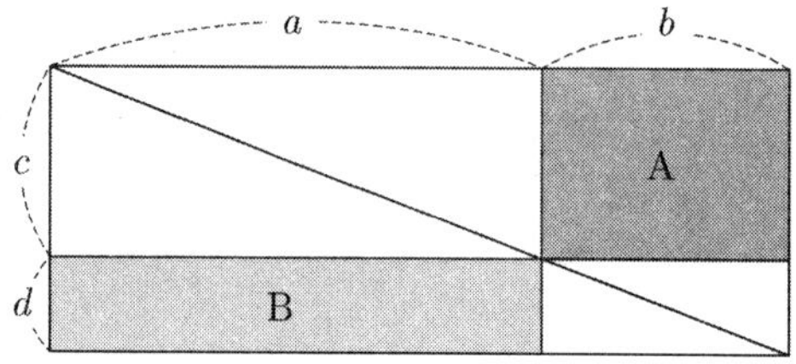

도전하기

(1) 다음 평행사변형 안의 사각형 A와 B 중 더 넓은 것을 구해보자.

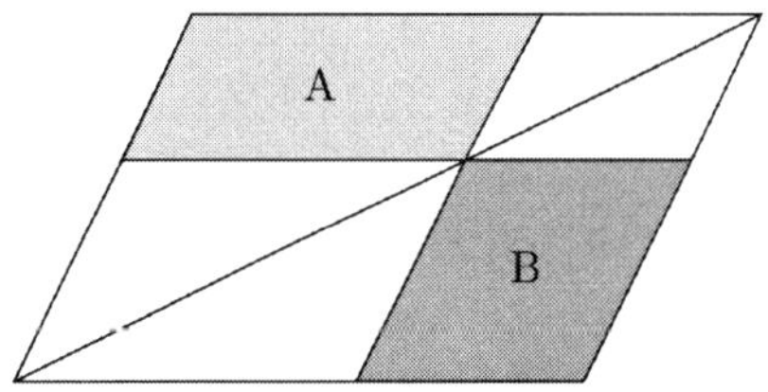

정답 (1) A와 B의 넓이는 같다.

2.4 땅의 넓이는?

(선분 AF)=(선분 CD)=7 cm이고, (선분 AB)+(선분 BC)=26 cm이며, (선분 FE)+(선분 ED)=12 cm일 때 도형 ABCDEF의 넓이를 구해봅시다.

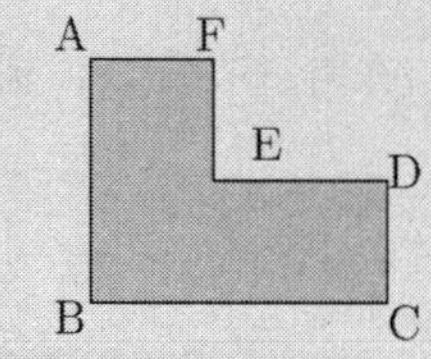

E와 B를 잇는 선을 그려서 자른 후 생긴 두 개의 사다리꼴 중 한 개를 옮겨 사다리꼴을 만들어 구하는 거야. 선분 AF와 선분 CD를 이어붙이면 사다리꼴 한 개가 돼.

(사다리꼴 윗변의 길이)=(선분 FE의 길이)+(선분 ED의 길이)$=12$ cm

(아랫변의 길이)=(선분 AB의 길이)+(선분 BC의 길이)$=26$ cm

(사다리꼴의 넓이)$=(12+26)\times 7\div 2=133$ cm^{2}이야.

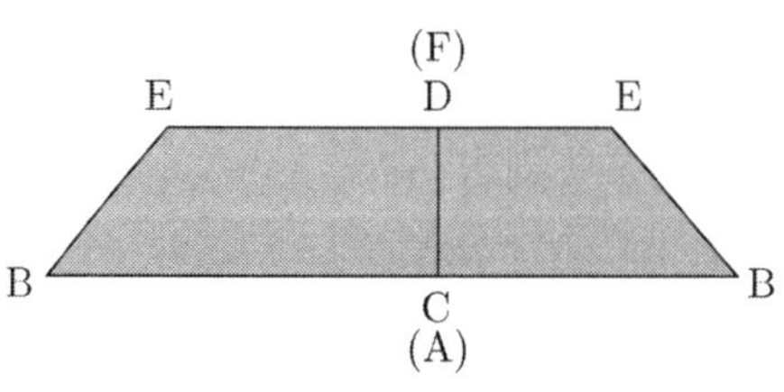

선분 AB와 선분 BC를 가로와 세로로 하는 큰 사각형에서 선분 FE와 선분 ED를 가로와 세로로 하는 사각형의 넓이를 빼서 구해 본다. 즉, 변의 길이를 자연수라고 생각하고, 선분 FE$=a$, 선분 ED$=b$라고 한 후 $a+b=12$가 되는 정수의 조합을 구하면 (1, 11), (2, 10), (3, 9), (4, 8), (5, 7), (6, 6)이다. 구해진 조합이 문제의 요건에 맞는지 검토한다. 이 중 몇 개를 이용하여 도형의 넓이를 구하면 133 cm^2가 된다.

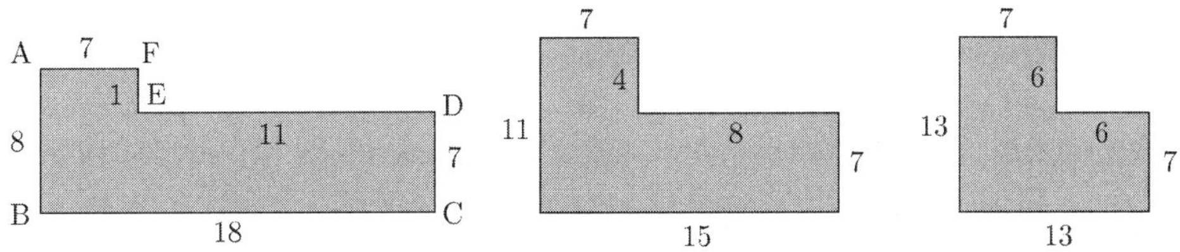

$(18\times8)-(11\times1)=133\ cm^2$ $(15\times11)-(8\times4)=133\ cm^2$ $(13\times13)-(6\times6)=133\ cm^2$

B와 E를 이으면 2개의 사다리꼴이 만들어진다. 그러면 도형 ABCDEF의 넓이는 두 사다리꼴의 합이 된다. 선분 FE$=a$, 선분 ED$=b$라고 하면,

$$\frac{\{(a+7)+a\}}{2}\times7+\frac{\{(b+7)+b\}}{2}\times7$$
$$=\frac{(2a+7)}{2}\times7+\frac{(2b+7)}{2}\times7$$
$$=\frac{7}{2}(2a+7+2b+7)=\frac{7}{2}(2\times12+14)=133\ cm^2$$

도전하기

(1) 직각삼각형 ABC에서 (선분 AD)=(선분 EC)= 7 cm, (선분 AB)+(선분 BC)= 26 cm 일 때, 도형 ADEC의 넓이를 구해 보자.

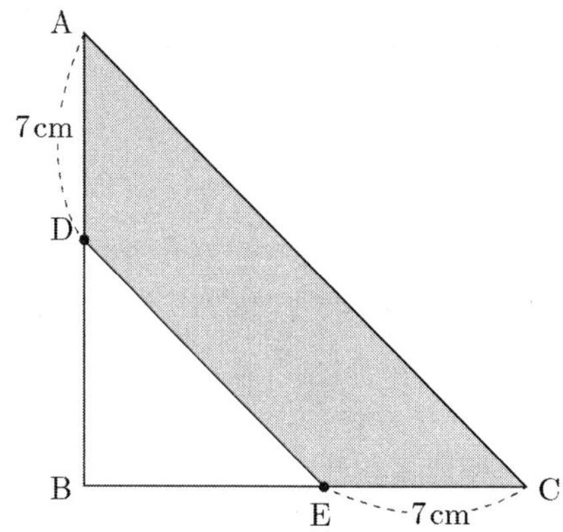

정답 (1) $66.5cm^2$

2.5 삼각형의 넓이는 얼마일까?

정삼각형 ABC의 변 BC에 평행한 아홉 개의 선분이 다른 두 변을 열 개의 작은 선분으로 등분합니다. 이때 정삼각형 ABC의 내부 영역은 열 개의 부분으로 나누어지는데 가장 큰 부분의 넓이가 $38\,\text{cm}^2$일 때 원래 정삼각형 ABC의 넓이는 얼마일까요?

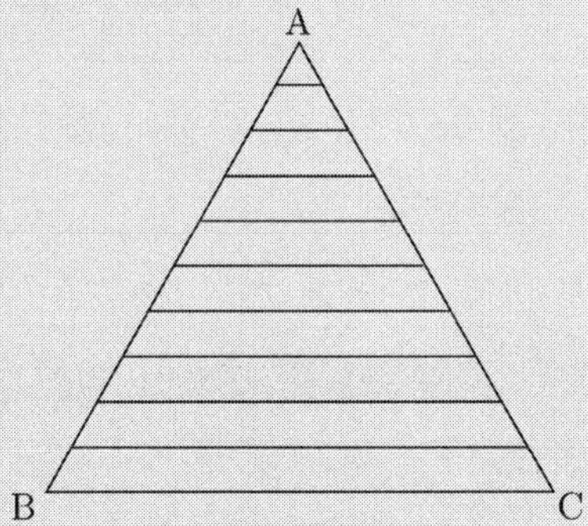

삼각형의 일부분의 넓이만 있지 높이를 알 수 없으니 풀 수가 없어. 이것은 오답이다.

정삼각형 ABC에는 넓이가 같은 작은 정삼각형이 여러 개 숨겨져 있어. 가장 작은 정삼각형의 개수를 구해 보자. 첫 번째 줄에는 작은 정삼각형이 1개, 두 번째 줄에는 3개, 세 번째 줄에는 5개로 줄이 늘어날 때마다 정삼각형의 개수도 2개씩 늘어나고 있어. 그런데 마지막 열 번째 줄에는 작은 정삼각형이 19개인데, 넓이가 $38\,\text{cm}^2$라고 했으니 작은 정삼각형 한 개의 넓이는 $38 \div 19 = 2$로 $2\,\text{cm}^2$야. 그럼 전체 정삼각형의 넓이는 작은 정삼각형의 개수$\times 2$를 계산하면 돼.

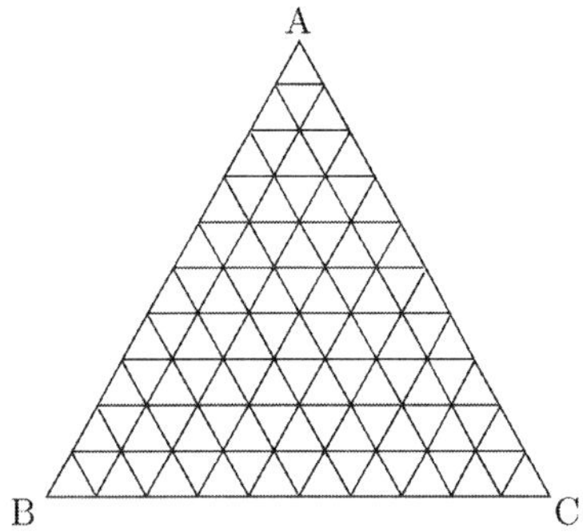

작은 정삼각형의 개수는 $1+3+5+\cdots+19=100$이야. 그럼 원래 정삼각형 ABC의 넓이는 $100\times2=200$으로 200 cm^2야.

정삼각형 ABC를 등분한 것 중 가장 큰 부분의 넓이를 사다리꼴의 넓이 구하는 공식을 이용해 높이를 구해 보자.
정삼각형 ABC의 높이를 h라고 하고, 한 변의 길이를 a라고 하면, 가장 큰 부분의 높이는 $0.1h$와 같고, 사다리꼴의 윗변의 길이는 $0.9a$와 같아.
사다리꼴의 넓이를 구하면,

$$(a+0.9a)\times0.1h\times\frac{1}{2}=38$$

$$1.9a\times0.1h=76$$

$$ah=\frac{76}{1.9\times0.1}=400$$

이 나오므로 이 값을 이용해 정삼각형 ABC의 넓이를 구하면 $\frac{1}{2}ah=\frac{1}{2}\times400=200$으로 200 cm^2야.

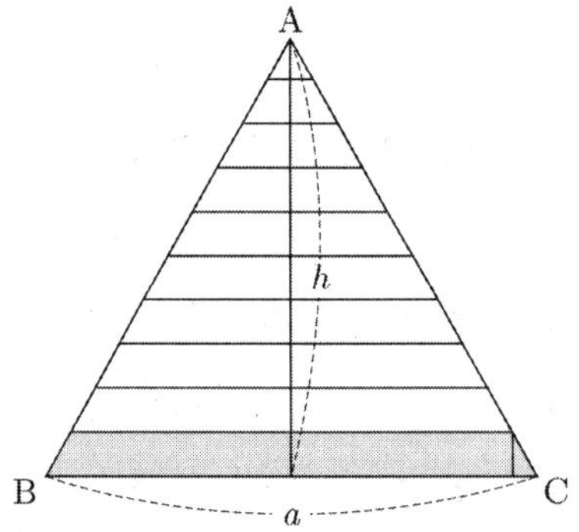

정삼각형 ABC의 높이를 h라고 하고, 한 변의 길이를 a라고 하면, 정삼각형 ABC의 넓이와 가장 큰 부분을 뺀 삼각형의 넓이의 차는 $38\,\mathrm{cm}^2$이다. 이를 계산해 보면,

$$\frac{1}{2}ah-\frac{1}{2}\times0.9a\times0.9h=38$$

$$ah-0.81ah=76$$

$$0.19ah=76$$

$$ah=400$$

이므로, 정삼각형 ABC의 넓이는 $\frac{1}{2}ah=\frac{1}{2}\times400=200$으로 $200\,\mathrm{cm}^2$야.

도 전 하 기

(1) 정삼각형 ABC의 변 AB에 평행한 네 개의 직선이 다른 두 변을 다섯 개의 작은 선분으로 등분한다. 이 때 정삼각형 ABC의 내부 영역은 다섯 개의 부분으로 나누어지는데 가장 큰 부분의 넓이가 $36\,\text{cm}^2$일 때 원래 정삼각형 ABC의 넓이를 구해 보자.

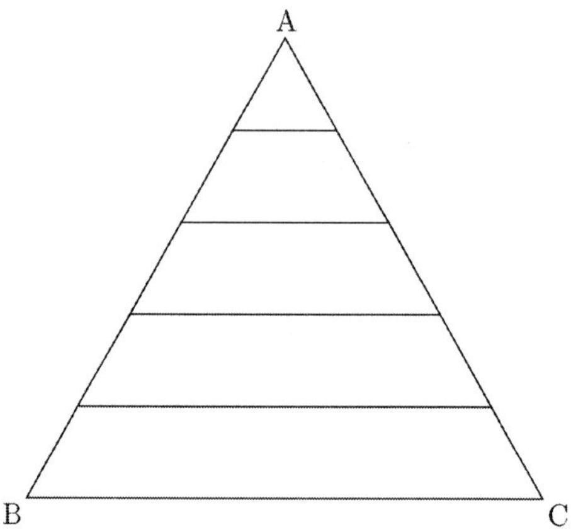

정답 (1) 100cm^2

2.6 케이크 나누어 먹기

백설 공주가 일곱 난장이들에게 멋진 케이크를 만들어 보냈습니다. 이 케이크는 한 변의 길이가 35 cm이고, 두께가 일정한 정사각형 모양으로 가운데는 초콜릿으로 장식되어 있습니다. 가운데 장식된 초콜릿이 조금이라도 포함되면서 일곱 난장이들이 같은 양의 케이크를 먹을 수 있는 방법을 구해 봅시다.

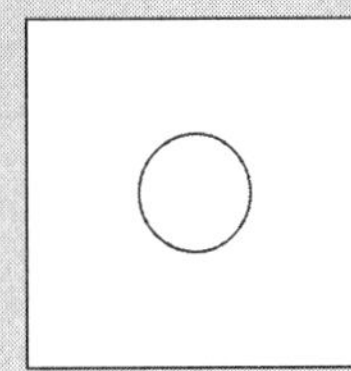

케이크가 다행히도 정사각형이니까, 7등분을 해서 먹자. 초콜릿을 먹지 못하는 난장이들이 생기니까 이 방법은 안 되겠어.

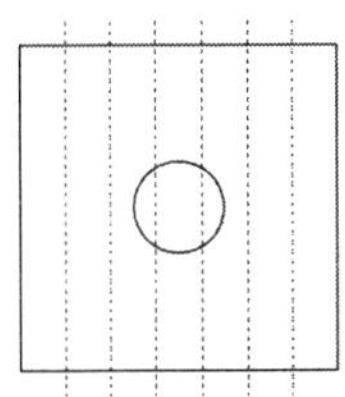

모두가 초콜릿을 조금이라도 먹을 수 있는 방법은 없을까?

(둘레의 길이)$=35\text{ cm}\times4=140\text{ cm}$이므로 $140\div7=20\text{ cm}$이다. 따라서 둘레를 20 cm씩 나누면 [그림 1]과 같이 7개의 조각을 얻을 수 있어. 모든 조각의 높이는 17.5 cm로 같아.

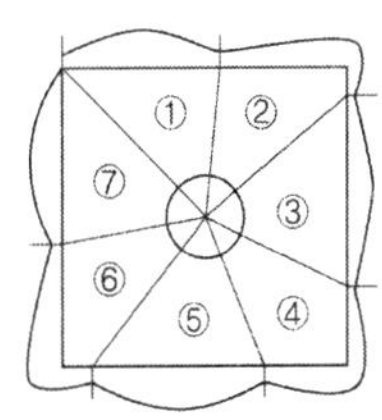

[그림 1]

(삼각형 ①, ③, ⑤, ⑦의 넓이)$=20\times17.5\div2=175\text{ cm}^2$로 같다고 할 수 있지.

②, ④, ⑥도 위의 삼각형과 넓이가 같을까? [그림 2]와 같이 생각해 보면

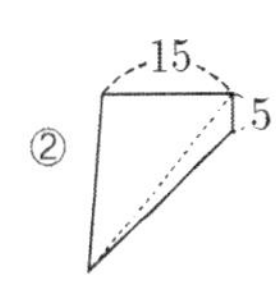

[그림 2]

(②번 도형의 넓이)$=(15\times17.5\div2)+(5\times17.5\div2)=175\text{ cm}^2$로 같아.

④, ⑥도 같은 방법으로 알아보면 넓이가 175 cm^2로 같아. 그럼 모두 공평하게 나누어 먹을 수 있지.

도 전 하 기

(1) 한 변의 길이가 4 cm인 정사각형을 그림과 같이 나누었을 때 색칠한 부분의 넓이를 구해 보자.

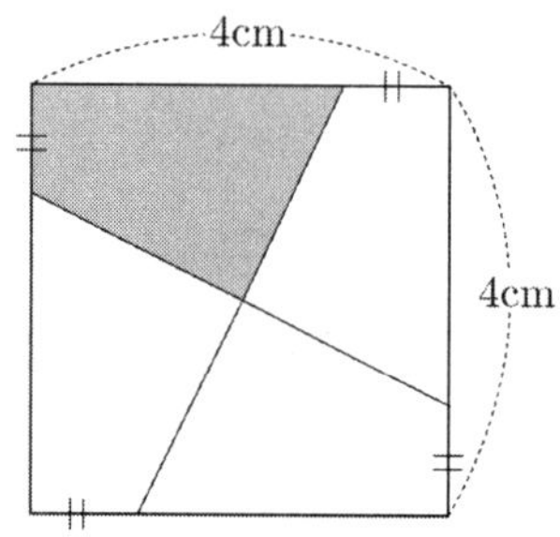

정답 (1) 4cm^2

2.7 어떤 피자를 살 것인가?

맛나 피자 가게에서 피자를 주문하려고 합니다. R사이즈는 반지름이 20 cm이고, 가격은 10,000원입니다. L사이즈는 반지름이 25 cm이고, 가격은 15,000원입니다. 피자를 30,000원어치 사려고 할 때 어떤 사이즈의 피자를 사는 것이 더 이익입니까? 단, 두 피자의 두께는 같습니다.

당연히 작은 피자 3개지. 반지름이 5 cm 밖에 차이가 안 나는데, 가격은 5,000원이나 비싸잖아. 이것은 오답이다.

아니야. 두 피자는 두께가 같기 때문에 두 피자 윗면의 넓이만 비교하면 돼. 30,000원어치 사려고 할 때 R사이즈 피자는 3개, L사이즈 피자는 2개 구입이 가능하므로

(R사이즈 피자의 넓이)×3은 $(20\times20\times3.14)\times3=3768$이고

(L사이즈 피자의 넓이)×2는 $(25\times25\times3.14)\times2=3925$이다.

따라서 같은 가격을 주고 구입할 때 L사이즈 피자 2개를 구입하는 것이 더 이익이다.

도 전 하 기

(1) 물병을 사기 위해 마트에 간 선우는 두 개의 원기둥모양 물병을 고른 후 어느 것을 사야 할지 고민 중이다. 하나는 반지름 4 cm, 높이 25 cm이고, 가격은 6,000원이다. 다른 하나는 반지름 5 cm, 높이 24 cm이고, 가격은 8,000원이다. 선우가 가진 돈 24,000원으로 모두 물병을 사려고 한다면 어느 물병을 살 때 더 이익인지 구해 보자.

답 (1) 가격이 8,000원인 물병

2.8 정사면체의 부피는?

한 모서리의 길이가 '1'인 정사면체 하나의 부피를 'A'라고 할 때, 한 모서리의 길이가 '2'인 정사면체 하나의 부피는 얼마인지 구해 봅시다.

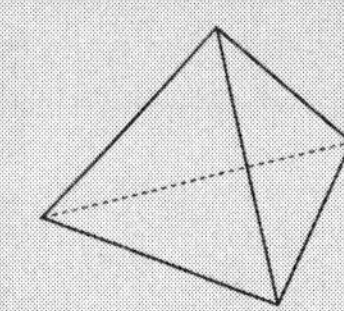

가로의 길이가 2배, 세로의 길이도 2배, 높이도 2배가 되었으니까 부피는 6배가 될 거야. 그러니까 한 모서리의 길이가 '2'인 정사면체의 부피는 6A라고 할 수 있어. 이것은 오답이다.

정육면체의 부피를 구하는 것에서 생각해 보자. 정육면체의 부피를 구하는 공식은 (가로)×(세로)×(높이)야. 한 모서리의 길이가 '1'인 정육면체의 부피는 '1'이야. 한 모서리의 길이가 '2'인 정육면체의 부피는 2×2×2이므로 '8'이야. 즉 한 모서리의 길이가 2배가 되면 부피가 8배가 된다는 것을 알 수 있어. 따라서 한 모서리의 길이가 1인 정사면체의 부피가 'A'라면 한 모서리의 길이가 '2'인 정사면체의 부피는 '8A'라고 할 수 있어.

도전하기

(1) 오른쪽 그림에서 한 모서리의 길이가 '1'인 정사면체의 부피를 'A'라고 할 때, 한 모서리의 길이가 '1'인 정팔면체의 부피를 구해 보자.

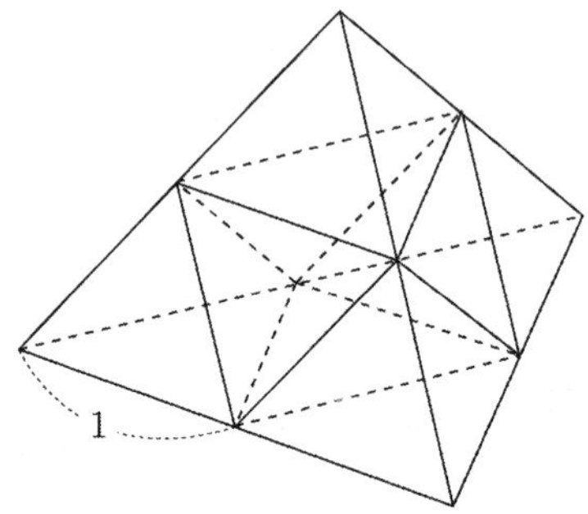

정답 (1) 4A

IV
확률과 통계 영역

01 방법의 수 탐구하기

일상생활에서 어떤 일을 해야 할 때, 해야 할 일의 출발점과 목표가 있게 된다. 이때 우리는 해야 할 일의 출발점에서 목표로 나아 갈 수 있는 모든 방법을 생각하고 그 방법에서 최적의 경로를 선택하여 일을 추진하게 된다. 마찬가지로 수집한 자료를 정리할 때에도 서로 중복이 되거나 빠짐이 없도록 체계적이고 합리적인 방법으로 방법의 수를 구하게 된다.

월드컵 축구 경기의 총 수, 거스름돈을 지불할 수 있는 방법의 수, 숫자 카드를 이용하여 수를 만들 수 있는 방법의 수 등과 같이 방법의 수는 일상생활에서 일어날 수 있는 여러 일들의 수를 구하는 바탕이 된다. 또 수학에서는 방법의 수를 구하는 것은 확률이라는 내용과 밀접하게 관련이 있는 학습 내용이기도 하다. 방법의 수를 구하기 위해서는 여러 가지 일어날 수 있는 방법을 같은 유형끼리 범주화하여 체계적으로 확인함으로써 불필요한 경우나 반복을 피하여 구할 수 있다.

1.1 어떤 수가 나올까?

지영이는 숫자카드를 가지고 놀다가 학교에서 배운 네 자리 수를 만들어 보기로 하였습니다. 지금 지영이가 가지고 있는 숫자 카드는 1, 2, 3, 4입니다. 지영이가 이 숫자 카드를 한 번씩만 사용하여 만들 수 있는 네 자리 수는 모두 몇 가지입니까? 그리고 만들어진 수를 모두 더하면 얼마입니까?

만들 수 있는 네 가지 수의 가짓수를 알아야겠네. 네 자리 수를 일일이 만들어 보자. 1234, 1243, 1324, 1342, … 순서대로 세보면 되겠지만 얼마나 많을지? 빠트리지는 않을지? 이 방법으로는 모든 수를 만들었다고 확신할 수가 없어.

첫 문제는 네 자리 수를 만드는 방법의 수를 묻는 것이네. 수형도를 이용해서 문제를 해결해 보자.

천	백	십	일	만들어지는 수
1	2	3	4	1234
		4	3	1243
	3	2	4	1324
		4	2	1342
	4	2	3	1423
		3	2	1432

천의 자리에 수가 1일 때 만들 수 있는 네 자리 수는 모두 6가지. 그럼 천의 자리 수가 2가 올 때도 6가지, 3이 올 때도 6가지, 4가 올 때도 6가지. 총 방법의 수는 $4 \times 6 = 24$가지다.

두 번째 질문은 24개의 수를 모두 더하면 얼마인가를 묻는 문제이네. 수를 모두 더해야 하니 수형도를 이용해서 직접 수를 만들어 더해 봐야겠네. 그런데 24개의 네 자리 수를 찾아서 그 수를 각각 더하기가 쉽진 않아.

1~4까지의 수를 가지고 네 자리 수를 만드는 방법의 수는 $4\times3\times2\times1=24$가지야. 그런데 만들어진 수를 나열하면 일정한 규칙이 있어. 만들어지는 수를 차례로 써서 더해보면 $1234+1243+1324+1342+\cdots+4213+4231+4312+4321$이 돼. 순서대로 나열했을 때 가장 큰 수와 가장 작은 수의 합은 5555가 돼. 이렇게 순서대로 쌍을 이루어 가장 큰 수와 작은 수를 더한 값은 5555로 일정하지.

$$\begin{array}{rr} & 1234+1243+1324+\cdots\cdots+4321 \\ +\,) & 4321+4312+4231+\cdots\cdots+1234 \\ \hline & 5555+5555+5555+\cdots\cdots+5555 \end{array}$$

그러므로 각 수의 합은 $5555\times24\div2=66660$이 돼.

각 자리수의 합을 이용하여 구해보자.

천의 자리에 있는 모든 수의 합은 $6\times(1+2+3+4)=60$이므로 60000이다.

백의 자리에 있는 모든 수의 합은 $6\times(1+2+3+4)=60$이므로 6000이다.

십의 자리에 있는 모든 수의 합은 $6\times(1+2+3+4)=60$이므로 600이다.

일의 자리에 있는 모든 수의 합은 $6\times(1+2+3+4)=60$이므로 60이다.

따라서 각 수의 합은 66660이 되지.

도 전 하 기

(1) 숫자 카드가 0, 1, 2, 3일 때 이 숫자 카드를 가지고서 만들 수 있는 네 자리 수의 개수를 구해 보자.

(2) 숫자 카드가 0, 1, 2, 3일 때 이 숫자 카드를 가지고 만들 수 있는 모든 수들의 합을 구해 보자.

정답 (1) 18가지 (2) 38664

1.2 수 선택하기

민주는 수 카드 [1], [2], [3], [4], [5] 중에서 3장의 카드를 선택하고자 합니다. 민주가 뽑는 순서를 생각하지 않고 카드를 선택할 수 있는 방법은 모두 몇 가지인지 구해 봅시다.

카드를 이용하여 3개의 수 카드를 직접 뽑아 본다. 뽑은 수 카드의 수를 적고 뽑는 과정을 반복하면서 중복된 것을 제거한다. 그렇지만 언제까지 계속해야 할지 모르겠다. 이 방법으로는 모든 방법을 찾았다고 확신할 수가 없어.

다음 그림과 같이 수형도를 그리고, 중복된 것을 제거한다.

1 — 2 — 3	1 — 3 — 2 중복	1 — 4 — 2 중복	1 — 5 — 2 중복
1 — 2 — 4	1 — 3 — 4	1 — 4 — 3 중복	1 — 5 — 3 중복
1 — 2 — 5	1 — 3 — 5	1 — 4 — 5	1 — 5 — 4 중복
2 — 1 — 3 중복	2 — 3 — 1 중복	2 — 4 — 1 중복	2 — 5 — 1 중복
2 — 1 — 4 중복	2 — 3 — 4	2 — 4 — 3 중복	2 — 5 — 3 중복
2 — 1 — 5 중복	2 — 3 — 5	2 — 4 — 5	2 — 5 — 4 중복
3 — 1 — 2 중복	3 — 2 — 1 중복	3 — 4 — 1 중복	3 — 5 — 1 중복
3 — 1 — 4 중복	3 — 2 — 4 중복	3 — 4 — 2 중복	3 — 5 — 2 중복
3 — 1 — 5 중복	3 — 2 — 5 중복	3 — 4 — 5	3 — 5 — 4 중복
4 — 1 — 2 중복	4 — 2 — 1 중복	4 — 3 — 1 중복	4 — 5 — 1 중복
4 — 1 — 3 중복	4 — 2 — 3 중복	4 — 3 — 2 중복	4 — 5 — 2 중복
4 — 1 — 5 중복	4 — 2 — 5 중복	4 — 3 — 5 중복	4 — 5 — 3 중복
5 — 1 — 2 중복	5 — 2 — 1 중복	5 — 3 — 1 중복	5 — 4 — 1 중복
5 — 1 — 3 중복	5 — 2 — 3 중복	5 — 3 — 2 중복	5 — 4 — 2 중복
5 — 1 — 4 중복	5 — 2 — 4 중복	5 — 3 — 4 중복	5 — 4 — 3 중복

그러므로 모든 방법의 수는 10이다.

수 카드를 일렬로 배열하고 앞 카드부터 수가 커지는 방향으로 체계적으로 뽑는 방법을 생각한다. 그러면 순서는 다음과 같다.

[1, 2, 3] [1, 2, 4] [1, 2, 5] [1, 3, 4] [1, 3, 5]
[1, 4, 5] [2, 3, 4] [2, 3, 5] [2, 4, 5] [3, 4, 5]

그러므로 모든 방법의 수는 10이다.

Tip 5장의 수 카드에서 3개의 수 카드를 뽑는 방법의 수는 순서를 생각하지 않는 조합으로 ${}_5C_3 = 10$이다.

도 전 하 기

(1) 7장의 수 카드에서 뽑는 순서를 생각하지 않고 3개의 수 카드를 뽑으려고 한다. 수 카드를 뽑는 방법의 수를 구해 보자.

(2) 7장의 수 카드에서 뽑는 순서를 생각하지 않고 4개의 수 카드를 뽑으려고 한다. 수 카드를 뽑는 방법의 수를 구해 보자.

정답 (1) 35 (2) 35

1.3 몇 번의 게임을 해야 하나?

오늘은 전국 탁구대회가 열리는 날입니다. 대회 참가팀은 모두 16팀이며, 토너먼트로 우승팀을 결정합니다. 우승을 결정짓기 위해 모두 몇 경기를 해야 합니까? (토너먼트 : 경기를 할 때마다 진 팀은 제외시키면서 이긴 팀끼리 겨루어 최후에 남은 두 팀으로 우승을 가리는 경기 방식)

그림을 그려서 해결해 보자. 모두 16팀을 나타낸 다음, 경기를 진행하는 방식으로 그림을 그려 나가면 구할 수 있지. 이렇게 그림을 그려 보면 모두 15번의 경기를 하는군.

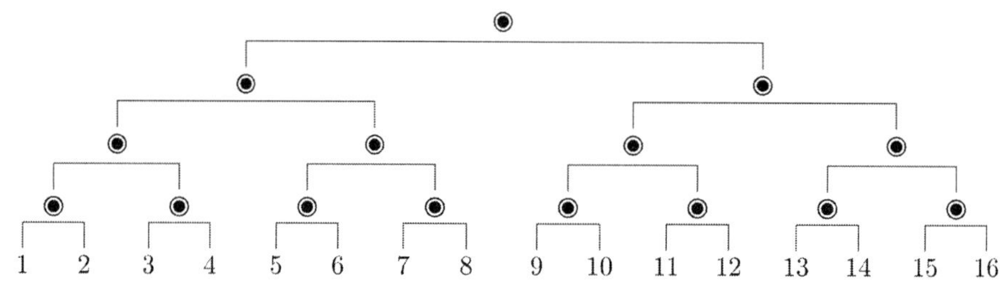

단계의 그림을 표로도 나타낼 수 있겠는걸. 토너먼트로 진행하니 팀의 수를 2로 나누면 각 단계에서 진행되는 경기 수를 알 수 있어. 그리고 각 단계의 경기 수를 더하면 전체 경기 수를 알 수 있겠군. 총 15(8+4+2+1)번의 경기를 하는군.

	16강	8강	4강	2강(결승)
경기 수	8	4	2	1

와 단계를 보니 일정한 규칙이 있는 것 같아. 규칙을 이용해서 문제를 해결하면 될 것 같아.

토너먼트 참가 팀 수	경기 수
2	1
4	3
8	7
⋮	⋮
n	$n-1$

이런 식으로 계산을 한다면 토너먼트 경기 수는 $n-1$이네. 이번 전국대회는 모두 16팀이 참가했으니 총 15번의 경기를 하는군.

거꾸로 생각하면 한 명의 우승자만 남기 위해서는 15명의 탈락자가 필요해. 그러니까 15번의 경기를 해야 해.

도 전 하 기

(1) 15팀이 참가하여 토너먼트로 경기를 진행한다면 모두 몇 경기가 이루어지는지 구해 보자.

참가팀 수	2	3	4	5	…	n
경기	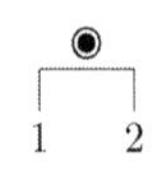	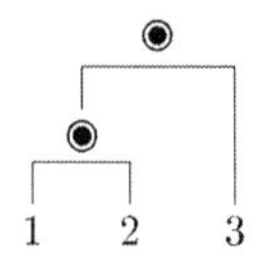	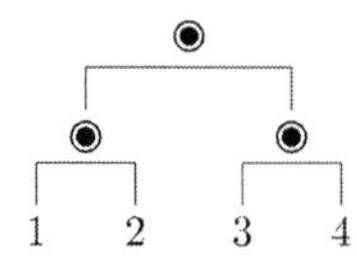	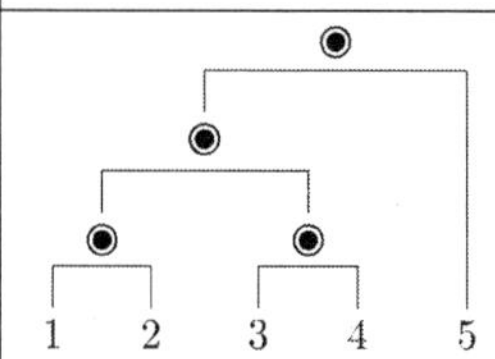	…	
경기 수	1	2	3	4	…	$n-1$

(2) 8팀이 리그전으로 경기를 진행하였을 때 모두 몇 경기가 이루어지는지 구해 보자. (리그전 : 경기에 나온 모든 팀이 서로 한 번씩 겨루는 방식)

정답 (1) 14경기
(2) 28경기
(2팀의 리그전)=1경기, (3팀의 리그전)=3경기, (4팀의 리그전)=6경기,
(5팀의 리그전)=10경기, 즉 (n팀의 리그전)$=\frac{n(n-1)}{2}$

1.4 길을 찾아 나서다.

지영이는 도서관에 가려고 합니다. 도서관까지 가는 길을 나타낸 지도는 아래와 같습니다. 집에서 출발해 도서관까지 갈 수 있는 방법은 모두 몇 가지입니까? 이동할 때의 규칙은 다음과 같습니다.

① 왼쪽 방향으로는 이동 할 수 없습니다.

② 한 번 간 길은 다시 되돌아갈 수 없습니다.

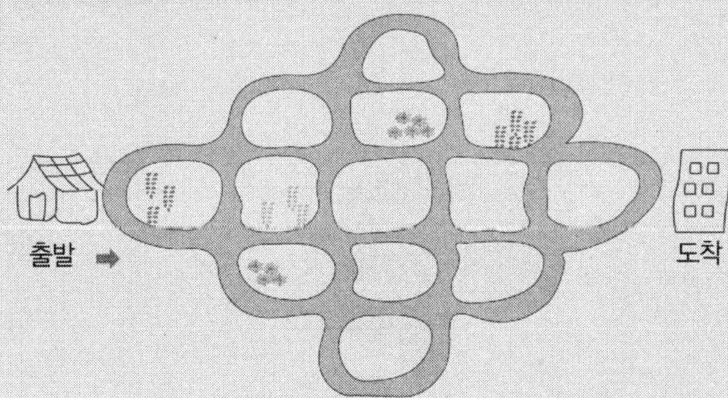

집에서 위쪽으로 출발하여 앞으로 나아가면 도서관까지 가는 방법은 6가지, 아래쪽으로 출발해도 방법은 6가지, 따라서 집에서 도서관으로 가는 방법은 모두 12가지야. 이것은 오답이다.

방법의 수로 생각해서 문제를 해결하면 될 것 같아.

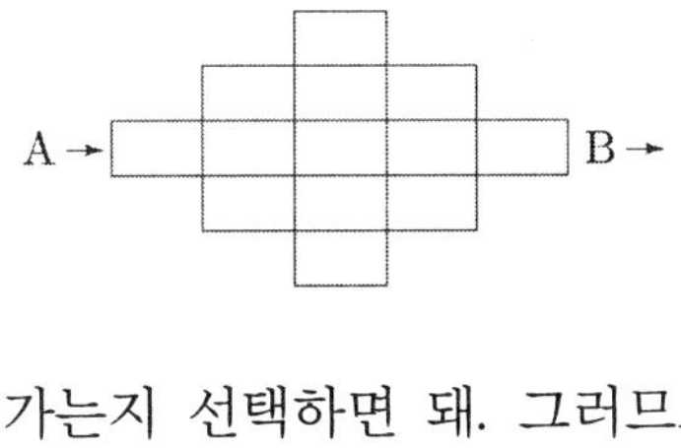

각각의 단계에서 어디로 가는지 선택하면 돼. 그러므로 첫 번째 단계에서 2가지 방법의 수가 생기고, 다음 단계에서는 4가지의 방법이 생기게 되지. 이런 방식으로 구한다면 $2 \times 4 \times 6 \times 4 \times 2 = 384$이다.

도 전 하 기

(1) A에서 출발하여 B까지 최단거리로 도착하는 방법의 수를 구해 보자.

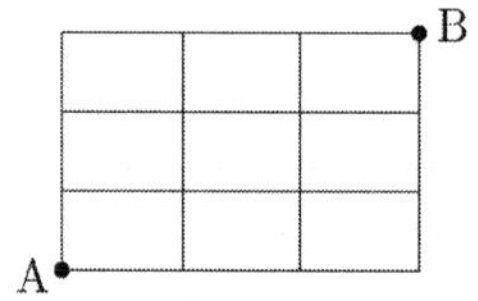

정답 (1) 20가지

1.5 한 번에 건너 보자.

18세기 초 소련과 폴란드 국경 근처에 쾨니히스베르크라는 도시가 있었습니다. 이 도시의 중심에는 프레골라 강이 흐르고 있었는데 강 가운데 섬이 하나 있고 그 강이 도시를 세 지역으로 나누었다고 합니다. 그리고 이들 지역을 연결하는 7개의 다리가 오른쪽 그림과 같이 놓여 있었습니다. 이 도시 사람들은 '이 모든 다리를 하나도 빠짐없이 꼭 한 번씩만 건너서 산책할 수 있을까?'라고 생각하게 되었답니다. 과연 가능한지 알아봅시다.

한 번에 건널 수 있을 것 같은데. 구경도 할 겸 직접 일일이 건너가면서 해결하는 방법이 최고야.

간단하게 그림을 그려서 건널 수 있는지 생각해 보자. 오른쪽 그림과 같이 다리를 선으로 생각하고, 다리를 건너지 않고 걸어 다닐 수 있는 땅을 줄여서 점으로 생각하여 이 강과 다리를 간단하게 그림으로 나타내어 해결해 보자. 여러 가지 방법으로 그려봐도 한번만 지나가는 것은 불가능하네. 왜 그럴까?

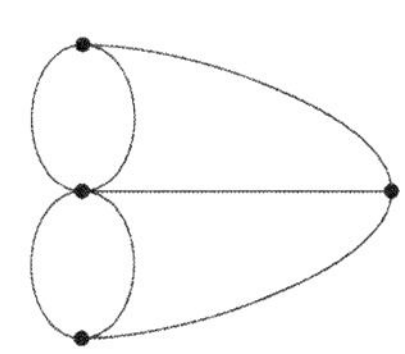

그린 도형을 살펴보니 각 점에 연결된 선의 수에서 모든 선을 한 번씩 건너지 못하는 이유를 찾을 수 있을 것 같다. 우선 점에 연결된 선의 개수가 짝수 개면

나갔다 다시 들어올 수 있다. 그런데 점에 연결된 선의 개수가 홀수 개인 경우에 홀수점이 1개인 경우는 출발할 때 한 선으로 나가게 되면 돌아올 선이 없게 돼서 그리기가 불가능하지. 하지만 홀수점이 2개인 경우는 다른 홀수점으로 돌아오면 되기 때문에 모두 한 번씩 건널 수 있게 되는 거야. 따라서 문제에 주어진 모든 다리를 하나도 빠짐없이 꼭 한 번씩만 건너서 산책하는 것은 불가능하지.

Tip 한붓그리기는 연필을 그림(문제)에서 떼지 않고 지나간 선 위를 다시 지나지 않도록 하여 도형을 그리는 것이다. 한 점에서 그려진 선의 수가 짝수 개인 경우에는 짝수점, 홀수 개인 경우에는 홀수점이라 한다.

도 전 하 기

(1) 눈이 많이 왔을 때 제설차가 왔던 길을 되돌아가지 않고 한 번에 지나다니며 청소를 한다면 경제적이다. 제설차가 모든 길을 빠짐없이 한 번씩만 지나가며 청소하는 것이 가능한 길과 불가능한 길을 찾고, 그 이유를 설명해 보자.

①

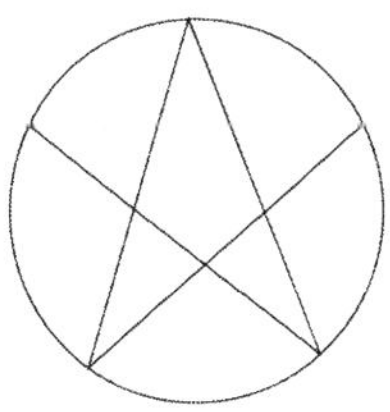

②

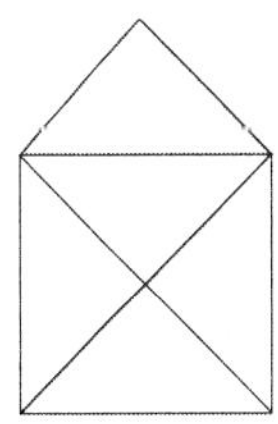

③

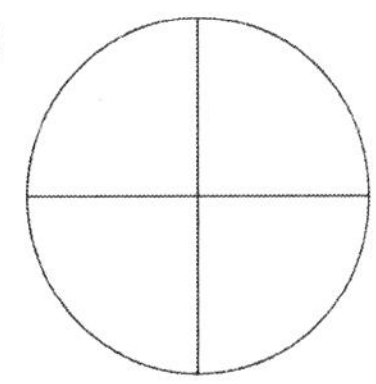

정답 (1) ①, ②

① 가능 : 모두 짝수점으로 이루어져 있어서 가능하다.

② 가능 : 홀수점 2개와 짝수점으로 이루어져 있어서 가능하다.

③ 불가능 : 홀수점이 4개, 짝수점이 1개로 이루어져 있어서 불가능하다.

1.6 모두 몇 번을 해야 알 수 있을까?

지영이가 가지고 있는 복주머니에는 딸기 맛 사탕이 10개, 파인애플 맛 사탕이 9개, 사과 맛 사탕 7개가 들어있습니다. 복주머니 속 사탕을 하나씩 꺼낼 때 사과 맛 사탕이 3개가 되기 위해서 최소 몇 개의 사탕을 꺼내야 합니까?

운이 좋아서 세 번만에 사과 맛 사탕을 3개 꺼낼 수도 있지만, 운이 좋지 않은 사람은 딸기 맛 사탕을 꺼낼 수도 있고, 파인애플 맛 사탕도 꺼낼 수 있잖아. 그럼 방법의 수를 생각해 봐야 하는데……. 좀 복잡하네.

전체 방법 중에서 사과 맛 사탕을 한 개도 꺼내지 못하는 방법을 생각해보면 될 것 같아. 그러니까 사탕을 꺼냈는데 모두 딸기 맛 사탕이야. 그리고 또 사탕을 꺼냈는데 모두 파인애플 맛 사탕인거지. 그럼 여기까지 $10+9=19$가 되니까 모두 19개의 사탕을 꺼내야 해.
마지막으로 사과 맛 사탕을 꺼내는 것도 세어야 해. 사과 맛 사탕을 3개 꺼낸다고 했으니까 $19+3=22$. 따라서 사과 맛 사탕이 3개가 되기 위해서는 최소 22개의 사탕을 꺼내야 해.

Tip 사과 맛 사탕을 한 개도 꺼내지 못하는 상황까지 생각해서 문제를 해결해야 한다.

도 전 하 기

(1) 주머니 속에 딸기 맛 사탕 5개, 바나나 맛 사탕 7개가 있다. 주머니 속을 보지 않고 사탕을 하나씩 꺼낼 때, 딸기 맛 사탕과 바나나 맛 사탕이 적어도 각각 1개씩 있도록 하려면, 최소 몇 개의 사탕을 꺼내야 하는지 구해 보자.

답 (1) 8개

1.7 과녁에 맞힌 점수 구하기

영수는 화살을 3번 쏘아 모두 과녁을 맞혔습니다. 과녁의 점수가 2, 4, 7점일 때 얻을 수 있는 점수를 모두 구해 봅시다.

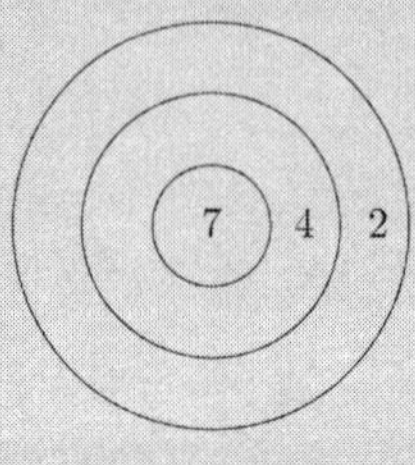

표를 이용하여 얻을 수 있는 모든 점수를 구한다.

2점	3	2	2	1		1				1
4점		1		1	3	2	2		1	
7점			1	1			1	3	2	2
합	6	8	11	13	12	10	15	21	18	16

따라서 얻을 수 있는 모든 점수는 6, 8, 10, 11, 12, 13, 15, 16, 18, 21이다.

세 개의 화살이 얻는 점수가 모두 같은 방법, 두 개가 같고 한 개가 다른 방법, 모두 다른 방법으로 구분하여 구한다.

- 세 개가 모두 같은 방법

  : (7, 7, 7), (4, 4, 4), (2, 2, 2) $\Rightarrow$ 21, 12, 6
- 두 개가 같고, 한 개가 다른 방법

  : (7, 7, 4), (7, 7, 2), (4, 4, 7), (4, 4, 2), (2, 2, 7), (2, 2, 4) $\Rightarrow$ 18, 16, 15, 10, 11, 8
- 모두 다른 방법

  : (7, 4, 2) $\Rightarrow$ 13

따라서 얻을 수 있는 모든 점수는 6, 8, 10, 11, 12, 13, 15, 16, 18, 21이다.

Tip 세 개의 화살이 얻는 점수의 방법의 수는 순서를 생각하지 않으면 중복조합으로 ${}_3H_3 = {}_{3+3-1}C_3 = {}_5C_3 = \frac{5\times4\times3}{3\times2\times1} = 10$이고, 순서를 생각하면 중복순열로 ${}_3\Pi_3 = 3^3 = 27$이다.

도전하기

(1) 영수는 화살을 세 번 쏘아 모두 과녁을 맞혔다. 과녁의 점수가 1, 2, 4, 7점일 때 얻을 수 있는 점수를 모두 구해보자.

정답 (1) 3, 4, 5, 6, 7, 8, 9, 10, 11, 12, 13, 15, 16, 18, 21

02 가능성 탐구하기

생활 속에서 선택의 순간이 왔을 때 우리는 최선의 선택을 위해 여러 가지 상황에서 가장 합리적이고 체계적인 방법으로 일어날 일의 가능성 정도를 헤아리고 손익을 계산하여 판단하게 된다. 이러한 문제를 해결하는 수학 영역이 확률이다. 역사적으로 확률은 도박 문제에 대한 궁금증에서 시작되었으며, 어떤 일이 일어날 가능성을 예측하는 수단으로 연구되었다. 비가 올 가능성, 시청률과 같이 생활 속에서 일어날 가능성 정도를 판단하는 것이 확률인 것이다.

확률은 일상생활에서 막연하게 느껴지는 가능성을 수치적으로 계산함으로써 명확해진다. 예를 들어, 10개의 제비 속에 3개의 당첨 제비가 있을 때 먼저 뽑는 것이 유리할까? 나중에 뽑는 것이 유리할까? 우리는 먼저 뽑는 것이 유리할 것 같다는 생각을 하게 된다. 그렇지만 제비뽑기에서 뽑은 제비를 도로 집어넣든, 집어넣지 않든 간에 가능성은 똑같다는 것을 알 수 있다.

2.1 주머니 속 흰 구슬과 검정 구슬

주머니 속에 흰 구슬 4개, 검정 구슬 6개가 있습니다. 이것에서 3개를 꺼낼 때 흰 구슬이 1개, 검정 구슬이 2개가 꺼내어질 가능성을 구해 봅시다.

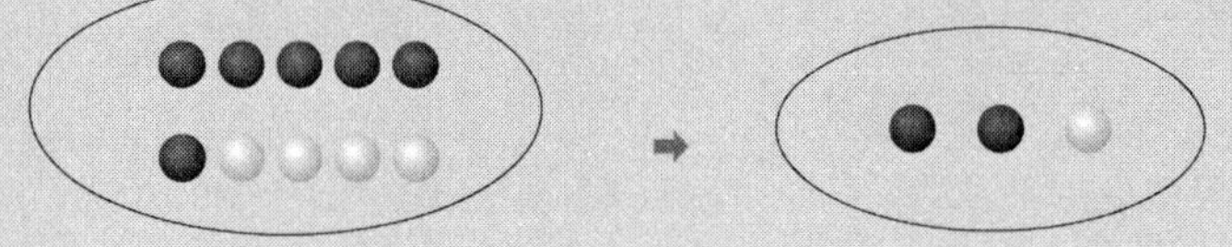

구슬 3개를 꺼내는 방법을 생각해 보자.

(●, ●, ●), (○, ●, ●), (○, ○, ●), (○, ○, ○)

이와 같이 총 4가지 방법 중 흰 구슬 1개, 검정 구슬 2개가 꺼내어질 방법이 1가지이므로 가능성은 $\frac{1}{4}$이다. 이것은 오답이다.

실제로 구슬을 꺼내 보도록 하자. 주머니 속에 흰 구슬 4개와 검정 구슬 6개를 집어 놓고 10번, 20번, 30번, … 꺼내 보면, 흰 구슬 1개와 검은 구슬 2개가 꺼내어지는 가능성은 약 $\frac{1}{2}$이라는 것을 알 수 있다.(통계적 확률)

Tip 확률은 시행에서 가능한 모든 경우의 수에 대하여 어떤 사건이 일어나는 경우의 수의 비율을 의미하며, 초등학교에서는 '가능성'이라고 표현한다.

구슬에 번호를 붙여 각 구슬을 구별하여 생각해 보면

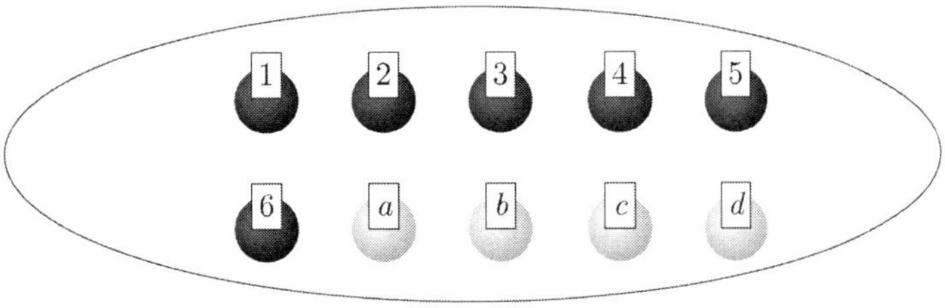

전체 3개를 뽑을 수 있는 방법의 수는 $10\times9\times8=720$이다. 그런데 번호 1, 2, 3번 구슬을 뽑을 경우 (1, 2, 3) (1, 3, 2), (2, 1, 3), (2, 3, 1), (3, 1, 2), (3, 2, 1)은 같은 방법이므로 6번이 중복되었다. 따라서 중복된 것을 제외한 방법의 수는 $720\div6=120$가지이다.

흰 구슬 4개 중 1개를 뽑을 경우는 4가지이고, 검정 구슬 6개 중에 2개를 뽑는 방법은 $6\times5=30$인데 그 중 (1, 2), (2, 1)은 같은 방법이므로 2번이 중복되었다. 따라서 중복된 것을 제외한 방법의 수는 $30\div2=15$이다. 그러므로 흰 구슬 1개와 검은 구슬 2개를 뽑는 방법은 $4\times15=60$이다.

따라서 흰 구슬이 1개와 검정 구슬이 2개가 꺼내어질 가능성은 $\frac{60}{120}=\frac{1}{2}$이다.

Tip 전체 구슬 10개 중에 3개를 꺼낸 방법의 수가 ${}_{10}C_3$이고, 그 중 흰 구슬 4개 중에 한 개가 나올 방법의 수는 ${}_4C_1$이며, 검정 구슬 6개 중에 두 개가 나올 방법의 수는 ${}_6C_2$이다. 따라서 다음과 같은 식을 작성 할 수 있다.

$$\frac{{}_4C_1\times{}_6C_2}{{}_{10}C_3}$$

그러므로 흰 구슬이 1개, 검정 구슬이 2개가 꺼내어질 가능성은 $\frac{1}{2}$이다.

도 전 하 기

(1) 주머니 속에 흰 구슬 4개, 검정 구슬 6개가 있다. 이것에서 3개를 꺼낼 때 흰 구슬이 2개, 검정 구슬이 1개가 꺼내어질 가능성을 구해 보자.

정답 (1) $\frac{3}{10}$

2.2 비가 올 가능성

국이는 이번 주말에 야유회에 갈 예정이어서 날씨에 관심이 많습니다. 이번 토요일에 비가 올 가능성은 10%이고, 일요일에 비가 올 가능성은 5%라고 합니다. 토요일과 일요일에 적어도 하루에 비가 올 가능성을 구해 봅시다.

토요일과 일요일에 비가 올 가능성은 $10\%\left(\frac{1}{10}\right)$와 $5\%\left(\frac{1}{20}\right)$이므로 $10+5=15\%$ $\left(\frac{1}{10}+\frac{1}{20}=\frac{3}{20}\right)$가 될 것이다. 이것은 오답이다.

토요일과 일요일에 적어도 하루에 비가 올 가능성은 다음의 3가지 경우이다.

토요일에만 비가 오는 경우 : $\frac{1}{10}\times\frac{19}{20}=\frac{19}{200}$

(일요일에 비가 오지 않을 가능성은 $1-\frac{1}{20}=\frac{19}{20}$이다.)

일요일에만 비가 오는 경우 : $\frac{9}{10}\times\frac{1}{20}=\frac{9}{200}$

(토요일에 비가 오지 않을 가능성은 $1-\frac{1}{10}=\frac{9}{10}$이다.)

토요일과 일요일에 모두 비가 오는 경우 : $\frac{1}{10}\times\frac{1}{20}=\frac{1}{200}$

따라서 3가지 경우의 가능성을 모두 더하면 $\frac{19}{200}+\frac{9}{200}+\frac{1}{200}=\frac{29}{200}=14.5\%$이다.

토요일과 일요일에 모두 비가 오지 않을 가능성은 $\frac{9}{10}\times\frac{19}{20}=\frac{171}{200}$ 이다. 따라서 토요일과 일요일에 적어도 하루에 비가 올 가능성은 전체(1)에서 토요일과 일요일에 모두 비가 오지 않을 가능성을 빼면 된다. 즉 $1-\frac{171}{200}=\frac{29}{200}=14.5\%$ 이다.

Tip '적어도'가 포함된 가능성 문제는 와 같은 여사건 가능성 구하는 방법을 이용하는 것이 편리하다.

도전하기

(1) 주머니 속에 4개의 흰 공과 1개의 검은 공이 들어 있다. 이 주머니에서 공을 한 개씩 두 번 꺼낼 경우에 적어도 한 번은 검은 공이 나올 가능성을 구해 보자. (단, 처음 꺼낸 공을 다시 주머니에 넣은 후 두 번째 공을 꺼낸다.)

정답 (1) $\frac{9}{25}$

2.3 어떤 선택이 나에게 도움이 될까?

1박 2일 여행을 떠난 경민이는 친구와 복불복 게임을 하였습니다. 친구는 3개의 상자 중 1개에만 맛있는 간식을 넣고, 나머지 2개는 비워 두었다고 합니다. 경민이는 상자 3개 중 1상자를 선택했습니다. 그러자 친구는 나머지 2상자 중에서 빈 상자를 하나를 보여 주면서, 다시 한 번 선택 할 기회를 주었습니다. 경민이는 처음에 선택한 상자를 그대로 가지는 것이 좋습니까? 아니면 남은 다른 상자를 선택하는 것이 좋습니까?

난 나의 직감을 믿고 선택을 바꾸지 않겠어. 우리가 시험을 볼 때 답이 이것일까? 저것일까? 고민하다가 답을 고치면 처음의 답이 맞는 경우가 많잖아. 만약 선택한 상자를 바꿔서 간식이 없으면 무척 속상할거야. 이것은 오답이다.

빈 상자를 보여주었으니 나머지 두 상자 중에 하나에는 간식이 들어있겠지. 2개 중 하나니까 50 : 50이잖아. 즉, 확률은 $\frac{1}{2}$이야. 그러므로 상자를 바꾸는 것이나 바꾸지 않는 것이나 똑같아. 난 처음 것을 고수하겠어. 이것은 오답이다.

바꾸는 것이 유리하다. 왜냐하면 애초에 경민이가 상자 1을 선택했다고 하자. 이때 상자 1에 간식이 있을 확률은 다른 상자가 비어 있다는 것을 보든 안 보든 $\frac{1}{3}$이다. 따라서 경민이가 처음 선택한 상자를 바꾸지 않는다면 간식을 선택할 확률은 $\frac{1}{3}$이다. 주어진 한 가지 상황에서 모든 확률을 더한 값은 항상 1이어야 한다. 경민이가 다른 상자로 바꾸었을 때 그곳에 맛있는 간식이 있을 확률은 $\frac{2}{3}$이다. 따라서 선택을 바꾸는 것이 유리하다.

	상자1	상자2	상자3
처음 확률	$\frac{1}{3}$	$\frac{1}{3}$	$\frac{1}{3}$
빈 상자를 보여준 후 확률	$\frac{1}{3}$	$\frac{2}{3}$	빈 상자
	$\frac{1}{3}$	빈 상자	$\frac{2}{3}$

Tip 상자 1을 선택했을 때 A의 경우는 상자를 바꾸지 않는 것이 유리하다. 그러나 B, C의 경우는 상자를 바꾸는 것이 유리하다. 따라서 빈 상자를 확인한 후에는 선택을 바꾸는 것이 유리하다.

	상자1	상자2	상자3
A의 경우	○	×	×
B의 경우	×	○	×
C의 경우	×	×	○

Tip 위 문제는 확률 문제에 크게 관심을 갖게 만든 '몬티홀 문제'라고 한다. 몬티홀 문제와 같이 확률 문제는 우리의 직관과 상반되는 경우가 많이 있다. 다음 도전하기 문제를 통해 이를 확인해 보자.

도 전 하 기

(1) 하나의 주사위를 n번 던져서 적어도 한 번 6의 눈이 나오면 이기는 게임에서 몇 번 이상 던지는 것이 유리한지 구해 보자.

(2) 두 개의 주사위를 n번 던져 두 개 모두가 6이 나오면 이기는 게임에서 몇 번 이상 던지는 것이 유리한지 구해 보자.

정답 (1) 4번 이상

$1-\left(\frac{5}{6}\right)^n > \frac{1}{2}$ 즉, $\frac{1}{2} > \left(\frac{5}{6}\right)^n$에서 $n \geq 4$이다.

(2) 25번 이상

$1-\left(\frac{35}{36}\right)^n > \frac{1}{2}$ 즉, $\frac{1}{2} > \left(\frac{35}{36}\right)^n$에서 $n \geq 25$이다.

2.4 내가 받을 상금은?

어떤 바둑 대회에서 5번을 먼저 이기면 승자가 되어 상금을 모두 차지하게 됩니다. 그런데 A와 B의 경기 결과가 4 : 3으로 A가 이기고 있는 상황에서 경기를 중단할 수밖에 없게 되었습니다. 상금을 어떻게 분배하는 것이 공평한지 그 비율을 구해 봅시다.

비례배분에 따라 현재의 승률을 바탕으로 4 : 3으로 상금을 분배한다. 이것은 오답이다.

5번을 먼저 이기면 모든 상금을 차지하게 되므로 이기는 데 필요한 남은 경기 수를 생각하면 2 : 1로 상금을 분배하는 것이 적절하다. 이것은 오답이다.

각각이 이길 가능성은 똑같으며 경기가 계속된다고 가정하고, 각각이 이길 방법을 생각해 본다. 그러면 다음과 같은 방법을 얻을 수 있다.

	8번째	9번째	확률
승 자	A	경기종료	$\frac{1}{2}$
	B	A	$\frac{1}{4}$
		B	$\frac{1}{4}$

따라서 3 : 1로 상금을 분배하는 것이 공평하다.

A와 B가 각각 이길 가능성은 똑같으며 경기가 계속된다고 가정하고 이것을 그림으로 표현하면 다음과 같다(우정호, 1998).

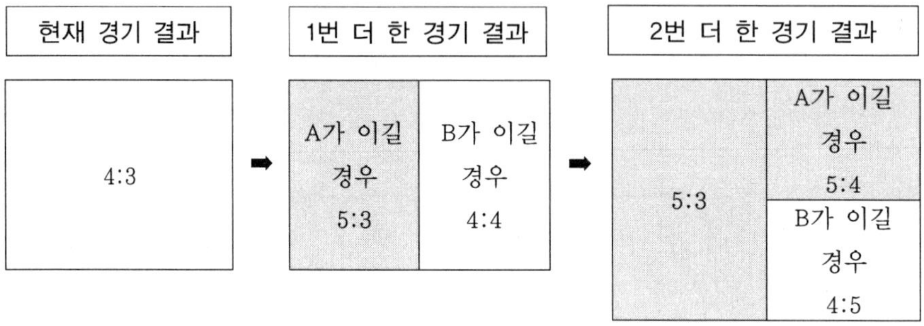

1번 더 경기를 했을 때 A가 이기면 더 이상 경기를 할 필요가 없다. 따라서 3 : 1로 상금을 분배하는 것이 공평하다.

도 전 하 기

(1) 갑과 을이 10번을 먼저 이기면 상금을 갖기로 되어 있는 경기를 하는데, 갑은 8번, 을은 7번을 이긴 상태에서 경기가 중단되었다. 두 사람에게 상금을 공평하게 분배하는 방법을 구해 보자.

(2) 네 번을 먼저 이기면 우승하는 경기에서 우승팀은 상금의 $\frac{3}{5}$을 받고 상대팀은 $\frac{2}{5}$를 받기로 하였다. 두 팀이 경기를 하여 한 팀이 두 경기를 이기고, 다른 팀이 한 경기를 이긴 상태에서 부득이하게 경기를 중단하게 되었다. 각 경기에서 비기는 경우는 없고, 각 팀이 이길 확률은 $\frac{1}{2}$일 때, 두 팀에게 상금을 공평하게 분배하는 방법을 구해 보자.

정답 (1) 11:5

(2) 43:37

	4번째	5번째	6번째	7번째	확률
승 자 (A)	승	승	경기종료		$\frac{1}{4}$
	승	패	승	경기종료	$\frac{1}{8}$
	패	승	승	경기종료	$\frac{1}{8}$
	패	패	승	승	$\frac{1}{16}$
	패	승	패	승	$\frac{1}{16}$
	승	패	패	승	$\frac{1}{16}$

현재 상태 A팀 : 2승 1패, B팀 : 1승 2패

따라서 A팀이 승리할 확률은 $\frac{11}{16}$, 반대로 B팀이 승리할 확률은 $1-\frac{11}{16}=\frac{5}{16}$이고, 상금을 분배해야하니, 만약 A팀의 승리라면 A팀이 가져가는 돈은 $\frac{3}{5}\times\frac{11}{16}=\frac{33}{80}$, B팀이 가져가는 돈은 $\frac{2}{5}\times\frac{11}{16}=\frac{22}{80}$이다. B팀의 승리라면 A팀이 가져가는 돈은 $\frac{2}{5}\times\frac{5}{16}=\frac{10}{80}$, B팀이 가져가는 돈은 $\frac{3}{5}\times\frac{5}{16}=\frac{15}{80}$이다. 따라서 A팀의 승리 기대값은 $33+10=43$, B팀의 승리 기대값은 $22+15=37$이다. 그러므로 43:37로 배분해야 한다.

2.5 동전을 찾아라!

모양과 크기가 같은 동전이 24개 있습니다. 23개의 무게가 모두 같고, 오직 하나만이 약간 더 무겁다고 합니다. 윗접시저울을 최소한 몇 번 사용하면 약간 더 무거운 동전을 찾아낼 수 있습니까?

당연히 2개씩 12쌍으로 만들어서 비교해 보면 되지. 운이 좋으면 처음에 발견할 수도 있을 거야! 12번 안에는 발견할 수 있어! 이것은 오답이다.

먼저 12개, 12개로 나누어서 더 무거운 쪽을 찾아(1번 사용).
그리고 더 무거운 12개를 6개, 6개로 나누어 무거운 쪽을 찾아(2번 사용).
그리고 6개를 3개, 3개로 나누어 무거운 쪽을 찾아(3번 사용).
그럼 남은 3개 중 2개를 저울로 재(4번 사용).
만약, 기울어지지 않는다면 나머지 1개가 무거운 것이고. 기울어진다면 찾을 수 있어! 따라서 모두 4번이면 되지. 이것은 오답이다.

나는 3번 만에 찾을 수 있어! 8개, 8개, 8개로 나누어 무거운 쪽을 찾아. 만약 기울어지지 않으면 재지 않은 쪽에 무거운 동전이 있는 거야(1번 사용).
8개를 또 3개, 3개, 2개로 나누어서 3개, 3개 묶음만 저울에 재서 무거운 쪽을 찾아. 만약 기울어 지지 않는다면 재지 않은 쪽에 무거운 동전이 있지(2번 사용).
그리고 마지막으로 2개가 남으면 그걸 저울로 재서 찾는 거야(3번 사용).

Tip 일반적으로 저울에 무게를 비교한다고 하면 전체 양을 둘로 나누어 무게를 비교하는 것이 간단하다고 생각한다. 그러나 전체 양을 셋으로 나누어 비교하면 3개 중에서 2개만을 골라 무게를 달아 보아서 한쪽이 무거운 경우는 바로 무거운 것을 찾을 수 있고, 두 개가 수평을 이루더라도 무게를 재지 않은 나머지 한 개가 더 무겁다는 것을 알 수 있다. 즉 무게를 비교할 때 둘로 나누어 비교하는 경우보다는 셋으로 나누어 비교하는 경우가 비교하는 횟수를 줄일 수 있다.

도전하기

(1) 모양과 크기가 같은 동전이 25개 있다. 24개의 무게가 모두 같고, 오직 하나만 무게가 무겁다고 한다. 윗접시저울을 최소한 몇 번 사용하면 약간 더 무거운 동전을 찾아낼 수 있을지 구해 보자.

정답 (1) 3번

2.6 여관 값 지불하기

한 청년이 여관에 일주일 동안 머물기로 했습니다. 돈을 가지고 있지 않은 그 청년은 일곱 개의 고리로 연결된 은팔찌로 여관 값을 지불하겠다고 말하였습니다. 그런데 문제는 여관 주인이 매일 은팔찌 조각 1개씩을 달라는 것입니다. 은팔찌의 고리를 끊는 것은 무척 힘든 일입니다. 은팔찌를 최소한 몇 번 끊어야 합니까?

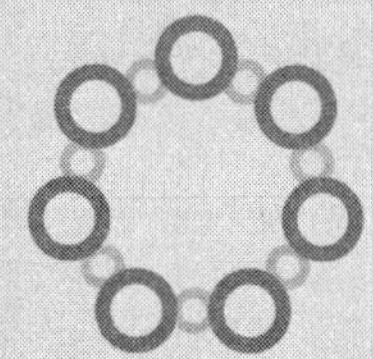

7개의 고리가 연결된 부분은 7부분이니까 7번 끊으면 1개씩인 고리가 7개 생기지. 이것을 매일 하나씩 내면 여관의 방값을 낼 수 있어. 이것은 오답이다.

2개씩 고리를 끊는다. 즉 1, 3, 5, 7번 째 고리를 자른다. 총 4번 끊어야지. 그러면 은팔찌 조각은 1개, 2개, 2개, 2개로 나누어진다.

첫째 날은 1개를 주고, 둘째 날은 2개를 주고 1개를 돌려받는다. 셋째 날은 1개를 주고, 넷째 날은 2개를 주고 1개를 돌려받는다. 이런 식으로 하면 다섯째 날은 1개를 주고, 여섯째 날은 2개를 주고 1개를 돌려받는다. 일곱째 날 1개를 더 주면 주인은 7개를 갖게 된다. 이것은 오답이다.

꼭 2개씩 모두 나눌 필요가 없겠네? 1, 3, 6, 7번 째 고리를 자른다. 그러면 은팔찌 조각은 1개, 2개, 3개, 1개로 나누어진다.

첫째 날은 1개를 주고, 둘째 날은 2개를 주고 1개를 돌려받는다. 셋째 날은 3개를 주고 2개를 돌려받는다. 넷째 날은 1개를 주고, 다섯째 날은 2개를 주고 1개를 돌려받는다. 여섯째 날은 1개를 주고, 일곱째 날 1개를 더 주면 주인은 7개를 갖게 된다. 이것은 오답이다.

1, 3, 7번 째 고리를 자른다. 그러면 은팔찌 조각은 1개, 2개, 4개로 나누어진다. 첫째 날은 1개를 주고, 둘째 날은 2개를 주고 1개를 돌려받는다. 셋째 날은 1개를 준다. 넷째 날은 4개를 주고 1, 2개의 조각을 돌려받는다. 다섯째 날은 1개를 주고, 여섯째 날은 2개를 주고 1개를 돌려받는다. 일곱째 날 1개를 더 주면 주인은 7개를 갖게 된다.

도전하기

(1) 윗접시저울을 이용하여 1 g부터 40 g까지의 무게를 재려고 한다. 추의 개수를 최소한만 사용하려고 할 때, 필요한 모든 추의 종류를 구해 보자.

정답 (1) 1g, 3g, 9g, 27g로 4개만 이용하면 된다.

V

규칙성 영역

01 수의 배열에서 규칙 찾기

수는 인류의 역사와 더불어 나타났으며, 인류 문명의 발달에 많은 기여를 하였다. 수는 수학에서 가장 기본적인 개념이고, 일상생활에서 필수적으로 사용하게 된다. 예를 들어 물건의 개수, 사람의 수, 양, 비율, 거리, 성적, 화폐 등도 수를 이용하여 표현하게 된다.

오늘날 우리가 사용하는 아라비아 숫자 0, 1, 2, 3, 4, 5, 6, 7, 8, 9는 인도에서 만들어졌으며, 아라비아인들이 유럽에 전파한 것이다. 아라비아 숫자는 매우 규칙적인 배열로 이루어지기 때문에 우리는 덧셈, 뺄셈, 곱셈, 나눗셈을 편리하게 할 수 있다.

규칙적으로 만들어진 수를 나열한 표를 수 배열표라고 한다. 1에서부터 시작하여 수를 나열한 수 배열표를 관찰하면 각각의 수들 사이에는 서로 관계를 맺고 있다. 우리는 수 배열표 안에서 여러 가지 수학적 원리나 규칙이 있다는 것을 발견할 수 있다.

1.1 우리에게 1은 몇 개 있을까?

경민이는 1에서 100까지 수를 세어 보던 중에 '1에서 100까지의 수들에는 1이 모두 몇 개 있을까?'라는 궁금증이 생겼습니다. 1에서 100까지 수들에는 1이 모두 몇 개 있는지 구해 봅시다.

1이 들어 있는 수들을 찾고, 그 수들에서 1의 개수를 세어보자. 1, 10, 11, 12, 13, 14, 15, 16, 17, 18, 19, 21, 31, 41, 51, 61, 71, 81, 91, 100이므로 모두 21개네.

1에서 100까지 쓰인 수 배열표를 이용하면 될 거야. 수 배열표에서 1의 개수를 세어보니 모두 21개가 있구나.

1	2	3	4	5	6	7	8	9	10
11	12	13	14	15	16	17	18	19	20
21	22	23	24	25	26	27	28	29	30
31	32	33	34	35	36	37	38	39	40
41	42	43	44	45	46	47	48	49	50
51	52	53	54	55	56	57	58	59	60
61	62	63	64	65	66	67	68	69	70
71	72	73	74	75	76	77	78	79	80
81	82	83	84	85	86	87	88	89	90
91	92	93	94	95	96	97	98	99	100

1이 들어있는 수들에는 어떤 규칙이 있을 거야. 그렇지! 일의 자리에 있는 1의 개수, 십의 자리에 있는 1의 개수, 백의 자리에 있는 1의 개수를 각각 구해 보자.
일의 자리에는 1, 11, 21, ···, 81, 91이므로 모두 10개,
십의 자리에도 10, 11, 12, 13, ···, 18, 19이므로 모두 10개,
백의 자리에는 100에만 있으므로 1개, 따라서 모두 21개가 된다.

도 전 하 기

(1) 1에서 999까지의 수들에는 1이 모두 몇 개 있는지 구해 보자.

(2) 1에서 999까지의 수들에는 2가 모두 몇 개 있는지 구해 보자.

(3) 1에서 999까지의 수들의 각 자리의 숫자들의 합을 구해 보자.

정답 (1) 300 (2) 300 (3) $(1+2+3+4+5+6+7+8+9)\times300=13500$

1.2 합이 10이 되는 수

37은 각 자리의 수의 합이 10(3+7=10)이 되는 수입니다. 1부터 300까지 수 중에서 각 자리의 수의 합이 10이 되는 수의 개수를 구해 봅시다.

1부터 300까지의 수를 모두 쓴 다음 각 자리의 수의 합이 10이 되는 수를 찾아본다. 그러면 1부터 100까지의 수에서 19, 28, 37, 46, 55, 64, 73, 82, 91이 있고, 101부터 200까지의 수에서 109, 118, 127, 136, 145, 154, 163, 172, 181, 190이 있다. 201부터 300까지의 수에서는 208, 217, 226, 235, 244, 253, 262, 271, 280이 있다. 따라서 모두 세어 보면 28개가 된다.

수를 한 자리의 수, 두 자리의 수, 세 자리의 수로 나눈 후, 각 자리의 수의 합이 10이 되는 수를 찾아본다.

한 자리 수: 0개
두 자리 수: 19, 28, ⋯, 91 ⇒ 9개
세 자리 수: 109, 118, ⋯, 190, 208, 217, ⋯, 280 ⇒ 19개

따라서 모두 28개가 된다.

도전하기

(1) 1부터 100까지 수 중에서 각 자리의 수의 합이 9가 되는 수의 개수를 구해 보자.

(2) 1부터 300까지 수 중에서 각 자리의 수의 합이 9가 되는 수의 개수를 구해 보자.

정답 (1) 10개 (2) 27개

1.3 연속하는 자연수를 찾아라.

지영이는 숫자카드 2묶음을 가지고 있습니다. 한 묶음에는 3장의 숫자카드가 있고, 다른 한 묶음에는 4장의 숫자카드가 있습니다. 각각의 묶음 속 숫자카드는 연속적인 수로 구성되어 있고 숫자카드 속의 수를 모두 더하면 90이 됩니다. 지영이가 가지고 있는 두 묶음의 숫자카드는 각각 어떤 수로 구성되어 있습니까?

$$90=\square+\square+\square$$
$$90=\square+\square+\square+\square$$

연속되는 세 수를 더해서 90이 되는 거잖아. 그렇다면 30에 가까운 수 중에서 임의로 세 수를 골라 차례로 더해 보자. 25, 26, 27을 더해 보면 78이 되니까 90이 되려면 더 큰 수를 더해야겠다.

$$27+28+29=84,\ 28+29+30=87,\ 29+30+31=90.$$

그러므로 세 장의 숫자카드는 29, 30, 31이야. 이런 방법으로 네 장의 수도 찾아봐야겠다. 조금 전에 25, 26, 27의 합이 78이었으니까, 여기서부터 출발해 보자. $25+26+27+28=106$이므로 더 작은 수를 더해야겠다. $24+25+26+27=102$. 이렇게 하면 시간이 많이 걸리겠는데. 더 빠르게 찾는 방법은 없을까?

연속하는 세 수의 합이 90이 되므로 가운데 수를 중심으로 해서 앞의 수는 1이 적고, 뒤의 수는 1이 크다. 그렇다면 가운데 수는 세 수의 평균이 되는 수잖아. 3개의 수를 더해 90이 되었으니 반대로 90을 3으로 나누어 평균을 구하면 가운데 수가 나오겠는 걸. 그럼 가운데 수는 30이고, 앞의 수는 30보다 1 작은 수인 29, 뒤의 수는 30보다 1 큰 수인 31이야. $29+30+31$은 90이 되므로 세 장의 숫자카드는 29, 30, 31이 되는 거야.

4개의 숫자카드도 똑같이 하면 되지 않을까? 90을 4로 나누면 평균은 22.5가 된다. 그런데 숫자카드 속의 수는 자연수이므로 소수 22.5에서 0.5를 빼서 한 수를 구하고, 22.5에서 0.5를 더해 다른 수를 구해 보면 22, 23이라는 수가 나온다. 이렇게 4장의 숫자카드 중 2장의 숫자카드 수를 구했으므로 세 수를 구한 방법으로 나머지 두 수를 구해 보면 22보다 1 작은 수인 21과 23보다 1 큰 수인 24가 나온다. $21+22+23+24=90$이 되므로 네 장의 숫자카드는 21, 22, 23, 24가 되는 거야.

Tip 1. 연속하는 세 수를 $a-1$, a, $a+1$이라고 하면 세수의 합은 $3a$가 되어 a가 세 수의 평균이 된다. 따라서 연속하는 세 수의 평균을 구하고 너하기 1, 빼기 1을 하여 연속하는 세 수를 구할 수 있다.

2. 연속하는 자연수의 개수가 짝수라면, 가운데 두 수를 먼저 구한다. 가운데 두 수의 합은 (자연수의 합)÷(자연수의 개수)×2이다.

도 전 하 기

(1) 90을 연속하는 5개의 자연수의 합으로 나타내어 보자.

$$90 = \square + \square + \square + \square + \square$$

(2) 60을 연속하는 5개와 8개의 자연수의 합으로 나타내어 보자.

$$60 = \square + \square + \square + \square + \square$$

$$60 = \square + \square + \square + \square + \square + \square + \square + \square$$

정답 (1) $90 = 16 + 17 + 18 + 19 + 20$

(2) $60 = 10 + 11 + 12 + 13 + 14$

$60 = 4 + 5 + 6 + 7 + 8 + 9 + 10 + 11$

1.4 0의 개수가 궁금해!

경민이는 1부터 100까지 수를 모두 쓰고, 그 수들을 모두 곱해 보기로 했습니다. 그런데 몇 개의 수를 곱해보자 끝에 0이 연달아 나오는 것을 알 수 있었습니다. 1부터 100까지 수들을 모두 곱하면 끝에 0이 모두 몇 개 있을까요?

1부터 수를 차례로 곱하여 0이 몇 개 나오는지 구해 봐야겠다.
$1\times2\times3\times4\times5=120$에서 0이 한 개 나오네.
다음으로 $1\times2\times3\times4\times5\times6\times7\times8\times9\times10=3628800$에서 0이 두 개 나오네. 그런데 이렇게 수를 직접 계산해 보는 것은 효율적인 방법이 아니야. 이럴 때는 계산기를 이용하는 것이 보다 효율적이지만 이 방법 역시 결과 값이 너무 커서 힘들겠는걸!

0이 나오는 방법을 생각해보자. 2와 5가 곱해지면 끝에 반드시 0이 되잖아. 모든 짝수는 2를 인수로 가지므로 5를 인수로 갖는 수만 찾으면 되는 거지. 1에서 10까지의 수에서는 5를 인수로 갖는 수가 5와 10, 2개이다. 11에서 20까지의 수에서는 15와 20, 2개이다. 21에서 30까지의 수에서도 25와 30, 2개이다. 그런데 25에는 5가 하나 더 있네. 다시 31에서 40까지의 수에서는 35와 40, 2개이다. 1부터 100까지의 수에서 인수 5가 몇 개 있는지 계속해서 찾아보면 모두 24개야. 따라서 1부터 100까지 수들을 모두 곱하면 끝에 0이 24개가 된다는 것을 알 수 있어.

0이 나오려면 2와 5가 곱해지면 되잖아. 짝수는 2를 인수로 가지므로 5를 인수로 갖는 수만 찾으면 돼. 그러면 1에서 100까지 수 중에서 5를 인수로 갖는 수는 5의 배수로 20개가 있고, 이 중 25, 50, 75, 100은 또 하나의 5를 인수로 갖게 되어 인수 5는 총 24개야. 따라서 1부터 100까지 수들을 모두 곱하면 끝에 24개의 0이 계속해서 나타난다(이대현, 최승현, 2011).

Tip 인수 : 어떤 수나 식이 다른 수나 식들의 곱으로 표시될 때 이들을 인수라 한다.

도전하기

(1) 1에서 120까지의 수를 모두 곱하면 끝에 0이 모두 몇 개 있는지 구해 보자.

(2) 1에서 125까지의 수를 모두 곱하면 끝에 0이 모두 몇 개 있는지 구해 보자.

정답 (1) 28 (2) 31

1.5 분수는 모두 몇 개일까?

1부터 10까지의 자연수 중 서로 다른 두 수를 뽑아 그것을 a, b라 하고, 두 수를 이용해 1보다 작은 분수 $\frac{b}{a}$를 아래와 같이 만들 수 있습니다. $\frac{b}{a}$는 모두 몇 개일까요?

$$\frac{1}{2}, \frac{1}{3}, \frac{1}{4}, \frac{2}{3}, \frac{2}{4}, \frac{3}{4}, \cdots, \frac{9}{10}$$

1부터 10까지의 자연수 중 서로 다른 두 수를 뽑아 만들 수 있는 1보다 작은 분수를 모두 적어보자.

$$\frac{1}{2}, \frac{1}{3}, \frac{2}{3}, \frac{1}{4}, \frac{2}{4}, \frac{3}{4}, \frac{1}{5}, \cdots$$

우와 많다. 이거 언제 다 찾지?

위의 분수들은 다음과 같이 나타낼 수 있다.

$$\underbrace{\frac{1}{2}}_{1} \quad \underbrace{\frac{1}{3}, \frac{2}{3}}_{2} \quad \underbrace{\frac{1}{4}, \frac{2}{4}, \frac{3}{4}}_{3} \quad \cdots \quad \underbrace{\frac{1}{10}, \frac{2}{10}, \frac{3}{10}, \cdots \frac{8}{10}, \frac{9}{10}}_{9}$$

따라서 $1+2+3+ \cdots +9$이므로 45개임을 알 수 있다.

좀 더 합리적인 방법은 규칙을 찾아 문제의 조건을 만족하는 분수를 아래와 같이 정리하여 구할 수 있다.

$$\frac{1}{2},\ \frac{1}{3},\ \frac{1}{4},\ \cdots,\ \frac{1}{10}\quad (9\text{개})$$

$$\frac{2}{3},\ \frac{2}{4},\ \cdots,\ \frac{2}{10}\quad (8\text{개})$$

$$\frac{3}{4},\ \cdots,\ \frac{3}{10}\quad (7\text{개})$$

$$\cdots$$

$$\frac{9}{10}\quad (1\text{개})$$

따라서 1부터 9까지의 합은 45개이므로 $\frac{b}{a}$는 총 45개이다.

Tip 1부터 9까지의 합은 다음과 같이 표현할 수 있다.

$$\begin{array}{rr} & 1+\ 2+\ 3+\cdots+\ 7+\ 8+\ 9 \\ +) & 9+\ 8+\ 7+\cdots+\ 3+\ 2+\ 1 \\ \hline & 10+10+10+\cdots+10+10+10 \end{array}$$

따라서 $(10\times9)\div2=45$

도 전 하 기

(1) 1부터 50까지의 자연수 중 서로 다른 두 수를 뽑아 그것을 a, b라 하고, 두 수를 이용해 1보다 작은 분수를 만들면 $\frac{b}{a}$는 모두 몇 개일까요?

(2) 1부터 100까지의 자연수 중 서로 다른 두 수를 뽑아 그것을 a, b라 하고, 두 수를 이용해 1보다 작은 분수를 만들면 $\frac{b}{a}$는 모두 몇 개일까요?

정답 (1) 1225 (2) 4950

1.6 어떤 수가 들어가야 할까?

어느 나라의 왕이 45개의 보석을 9칸으로 나누어진 보석함에 보관하려고 합니다. 그런데 가로, 세로, 대각선 어느 방향으로 세더라도 같은 개수의 보석이 있으면 보석이 잘 보관되어 있는지 쉽게 확인할 수 있을 것 같다는 생각이 들었습니다. 보석을 어떻게 나누어 보관하는 것이 좋겠습니까?

	1	

1~9까지의 수를 9개의 칸에 각각 넣으면 가로, 세로, 대각선에 들어가는 숫자는 모두 3개야. 그런데 그 수들의 합이 모두 같아야 한다면 가우스의 계산 방법을 생각하면 어떨까? 1~9까지의 수 중 가장 가운에 있는 수 5는 9칸의 정중앙에 놓고 (1, 9), (2, 8), (3, 7), (4, 6)을 쌍으로 해서 각각의 칸에 넣으면 될 것 같아. 그렇게 되면 세 칸의 합은 모두 15가 되는 것이지.

1	2	3	4	5	6	7	8	9

7	1	6
2	5	8
4	9	3

4	1	2
3	5	7
8	9	6

8	1	7
4	5	6
3	9	2

8	1	6
3	5	7
4	9	2

그런데 가우스의 방법으로 짝이 되는 두 수를 찾아서 9개의 칸에 각각 넣더라도 숫자의 위치를 잘 생각해서 넣지 않으면 가로, 세로, 대각선의 합이 항상 같게 나오지는 않네. 어떻게 하면 되지?

위와 같은 것을 마방진이라고 해. 마방진에도 규칙이 있지. 규칙을 이용하는 거야.
전략 : ① 1을 1행의 중앙열에 넣는다.

	1	

② 대각선 방향(한 칸 위 그리고 한 칸 오른쪽)으로 이동한 곳에 다음 숫자를 넣는다. 만약 위치가 영역을 벗어나면 반대편 행(또는 열)의 위치에 숫자를 넣는다.

		2	
	1	↓	
		↓	
		2	

	1		
3	←	←	3
		2	

③ 이미 숫자가 저장되어 있는 칸을 만날 때에는 1, 2패턴으로 움직임을 계속할 수가 없다. 마지막 숫자를 넣은 곳에서 바로 아래 칸에 다음의 숫자를 넣는다.

	1	
3		
4		2

④ 숫자를 넣은 다음 2단계부터 반복한다.

	1	6	
3	5	7	
4		2	

8	1	6	
3	5	7	
4		2	

	9		
8	1	6	
3	5	7	
4	9	2	

Tip 마방진이란 1에서 n^2까지의 정수를 n행 n열의 정사각형 모양으로 나열하여 가로·세로·대각선의 합이 전부 같아지도록 한 것으로 방진(方陣)·마법진이라고도 한다. 이것은 영어의 'magic square'를 번역한 말이다. 정사각형의 1변에 나열된 수의 개수 n에 따라서 n방진, 즉 3방진, 4방진, … 등이라 한다.

도전하기

(1) 5×5 마방진을 완성해 보자.

정답 (1)

17	24	1	8	15
23	5	7	14	16
4	6	13	20	22
10	12	19	21	3
11	18	25	2	9

1.7 자동차 번호를 만들어라.

우리나라의 자동차 번호는 '0007', '1234'와 같이 4자리의 수로 이루어져 있습니다. 자동차 번호 중에서 찾아볼 수 있는 다음의 '0110', '3003', '5555' 등과 같이 앞에서부터 읽으나 뒤에서부터 읽으나 똑같은 수를 거울수라고 합니다. 앞으로 번호판 체계가 달라져 4자리 수에서 5자리수로 바뀌어 새로 만든 자동차에 '00000'에서 '99999'까지의 임시번호를 붙인다면 이 중 거울수는 모두 몇 가지나 될지 알아봅시다.

다섯 자리 수이니까 왼쪽부터 첫 번째 자리와 다섯 번째 자리가 같은 경우를 먼저 찾아보자. 10001, 20002, 30003, …

이번에는 왼쪽부터 두 번째 자리와 네 번째 자리가 같은 경우는 01010, 02020, 03030, …

마지막으로 가운데 수를 기준으로 대칭되는 경우는 00100, 00200, 00300, …

이러면 다 찾은 건가?

자리 수에 따라 하나씩 살펴보자. 먼저, 만의 자리의 수가 0인 경우의 거울수를 찾는 법을 생각해보면, 만의 자리의 수가 0이고 천의 자리의 수가 0인 경우의 거울수는 00000, 00100, 00200, 00300, …, 00900

그리고 만의 자리의 수가 0이고 천의 자리의 수가 1인 경우의 거울수는

01010, 01110, 01210, 01310, …, 01910

이를 표로 나타내면 다음과 같다.

만의 자리 수	천의 자리 수	경우의 수	개수
0	0	00000, 00100, 00200, 00300, …, 00900	10
	1	01010, 01110, 01210, 01310, …, 01910	10
	2	02020, 02120, 02220, 02320, …, 02920	10
	3		
	4		
	5		
	6		
	7		
	8		
	9	09090, 09190, 09290, 09390, …, 09990	10

이렇게 표를 나타내면 만의 자리 수가 1인 경우, 2인 경우, …, 9인 경우까지 모두 만들어야 하는데……. 만의 자리 수가 0인 경우와 1인 경우가 모두 같으니까 규칙이 있을 것 같아.

결국 다섯 자리의 수 중에서 거울수가 모두 몇 개인지를 나타내면 다음과 같다.

만의 자리 수	0	1	2	3	4	5	6	7	8	9
개수	100	100	100	100	100	100	100	100	100	100
	10×10	10×10	10×10	10×10	10×10	10×10	10×10	10×10	10×10	10×10

따라서 다섯 자리의 수 중에서 거울수의 총 개수는 $10\times10\times10=1000$개가 되는 셈이지.

도 전 하 기

(1) 새로 생산한 물건에 '000'에서 '999'까지의 수를 붙이려고 한다. 이 수 중에서 '515', '020', '777'과 같이 앞에서부터 읽으나 뒤에서부터 읽으나 똑같은 거울수는 모두 몇 개인지 구해 보자.

정답 (1) 100개

02 도형에서 규칙 찾기

수학은 자연에 내재된 규칙성, 인간의 생활 속에 스며들어 있는 규칙성, 수학 자체에 내재된 규칙성을 탐구하는 학문이라고 한다. 우리는 주변 환경 안에서 다양한 도형을 관찰할 수 있고, 그 안에는 자연적으로 형성된 규칙적인 배열을 발견할 수도 있고, 인위적으로 구성한 규칙적인 무늬도 발견할 수 있다. 태양계의 행성은 태양을 초점으로 하는 타원 궤도를 따라 운동하는 규칙을 가지고 있다. 벌집의 모양은 육각형 구조를 가지고 있다. 우리는 벽지나 보도블록에서 아름다운 무늬로 꾸며진 배열을 볼 수 있다.

아주 옛날에 피타고라스학파 사람들은 밤하늘의 별을 보며 별의 모양과 도형의 모양을 연결지었고, 여기에 수를 대응시켜 규칙을 발견하고자 했다. 그들은 여기에서 형상수를 연구하게 되는데, 삼각수와 사각수가 그것이다. 삼각수와 사각수는 각각의 규칙을 가지고 있지만, 그들 사이에도 규칙을 가지고 있는 재미있는 도형수이기도 하다.

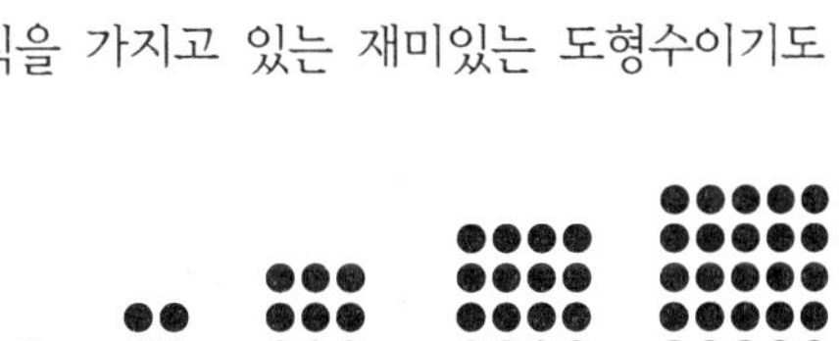

사각수의 배열

2.1 선분의 개수는?

선분은 두 점을 곧게 이은 선을 의미합니다. 다음 그림과 같이 하나의 선 위에 6개의 점이 있습니다. 이 점으로 그릴 수 있는 선분의 개수를 모두 구해봅시다.

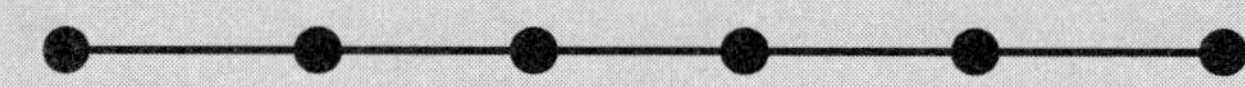

작은 선분이 모두 5개 있다. 이것은 오답이다.

첫 번째 점을 시작점으로 하여 길이를 늘여 가면서 그 개수를 세어 본다. 그러면 첫 번째 점에서는 5개의 선분을 그릴 수 있다. 또 두 번째 점을 시작점으로 하여 길이를 늘여 가면서 그 개수를 세어 본다. 그러면 두 번째 점에서는 4개의 선분을 그릴 수 있다. 마찬가지로 세 번째, 네 번째, 다섯 번째 점을 시작점으로 하여 길이를 늘여 가면서 그 개수를 세어보면 3, 2, 1개의 선분을 그릴 수 있다. 따라서 모두 $5+4+3+2+1=15$개의 선분을 그릴 수 있다.

가까운 두 점으로 이루어진 선분의 개수, 한 점을 사이에 두고 두 점으로 이루어진 선분의 개수, 두 점을 사이에 두고 두 점으로 이루어진 선분의 개수, 세 점을 사이에 두고 두 점으로 이루어진 선분의 개수, 네 점을 사이에 두고 두 점으로 이루어진 선분의 개수를 각각 구해보면 5, 4, 3, 2, 1이 된다. 따라서 모두 $5+4+3+2+1=15$개의 선분을 그릴 수 있다.

도 전 하 기

(1) 다음 그림에 있는 직사각형의 개수를 모두 구해 보자.

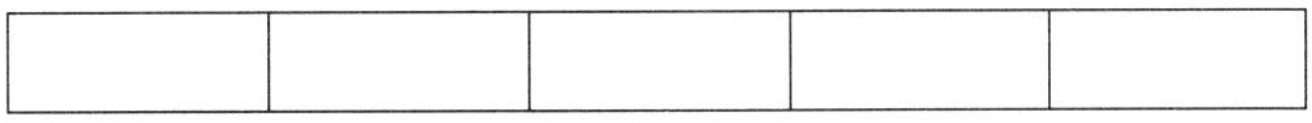

(2) 다음 그림에 있는 예각의 개수를 모두 구해 보자.

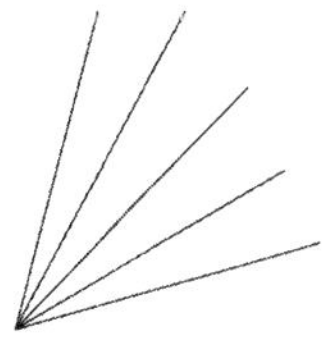

정답 (1) 15 (2) 10

2.2 사다리꼴은 몇 개가 만들어질까?

1개의 직선, 2개의 평행선, 3개의 평행선이 오른쪽 그림과 같이 만나고 있다. 6개의 직선 중 4개의 직선으로 만든 사각형 하나를 선택할 때, 평행사변형이 아닌 사다리꼴은 몇 개 만들어지는지 구해 봅시다.

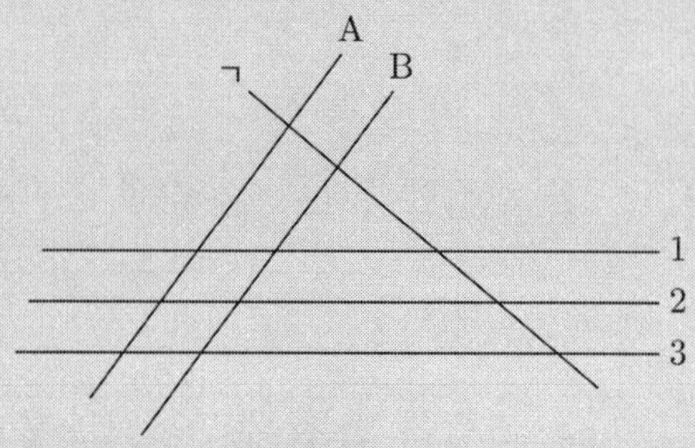

연필로 표시해보면서 평행사변형이 아닌 사다리꼴을 세어 보자. 1, 2, 3, …, 6개인가? 이것은 오답이다.

차근차근 살펴보자. 평행사변형이 아닌 사다리꼴은 한 쌍의 대변만 평행하고 나머지 두 변은 서로 평행하지 않아야 한다. 4개의 평행선을 고를 때, 2개는 평행하고, 나머지 2개는 서로 평행하지 않은 선을 골라야 한다.

1, 2, 3번 평행선 중 2개를 고르는 방법은 1번 평행선과 2번 평행선, 2번 평행선과 3번 평행선, 1번 평행선과 3번 평행선, 모두 3가지 방법이다. 그리고 평행하지 않는 선분을 고르는 방법은 ㄱ번 평행선과 A번 평행선, ㄱ번 평행선과 B번 평행선, 2가지 방법이 있다.

따라서 $3 \times 2 = 6$(가지)이다.

A, B번 평행선에서 2개를 고르는 방법은 A, B번 평행선, 1가지 방법뿐이다. 그리고 평행하지 않은 선분을 고르는 방법은 ㄱ번 평행선과 1번 평행선, ㄱ번 평행선과 2번 평행선, ㄱ번 평행선과 3번 평행선, 총 3가지 방법이 있다.

따라서 $3 \times 1 = 3$(가지)이다.

그러므로 평행사변형이 아닌 사다리꼴은 총 9개이다.

도 전 하 기

(1) 1개, 2개, 3개의 평행선이 위 문제와 같이 만날 때, 6개 중 4개로 만든 사각형 하나를 선택하여 만들어지는 사각형의 개수는 몇 개인지 구해 보자.

정답 (1) 15개

2.3 직사각형의 개수는?

아래와 같이 6×3으로 구성된 사각형 안에는 모두 몇 개의 직사각형이 있는지 구해 봅시다.

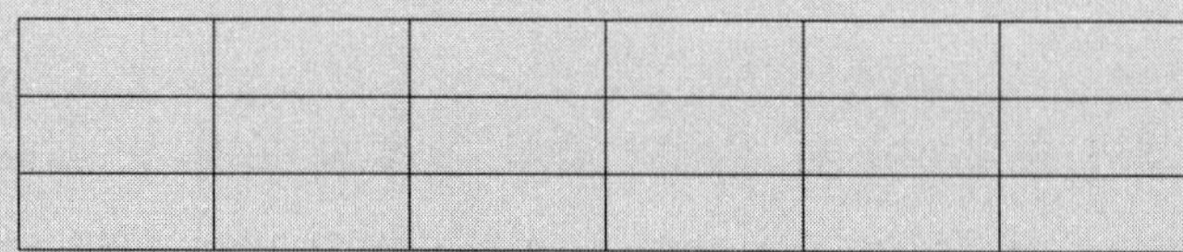

6×3으로 구성된 사각형 안에 있는 직사각형의 개수를 다음과 같이 나누어 구해 보도록 한다.

1×1로 구성된 것 : 18개

1×2, 2×1로 구성된 것 : 27개

1×3, 3×1으로 구성된 것 : 18개

1×4로 구성된 것 : 9개

1×5로 구성된 것 : 6개

1×6으로 구성된 것 : 3개

2×2로 구성된 것 : 10개

2×3으로 구성된 것 : 8개

2×4로 구성된 것 : 6개

2×5으로 구성된 것 : 4개

2×6로 구성된 것 : 2개

3×2로 구성된 것 : 5개

3×3으로 구성된 것 : 4개

3×4으로 구성된 것 : 3개

3×5로 구성된 것 : 2개

3×6으로 구성된 것 : 1개

따라서 모든 직사각형의 개수는 126개이다.

1×3, 2×3, 3×3, 4×3, …에 있는 직사각형의 개수를 모두 세어 보고, 규칙을 찾아 6×3으로 구성된 사각형 안에 있는 직사각형의 개수를 구한다. 그러면 그 수는 6, 18, 36, 60이고, 각 수들은 12, 18, 24, …로 증가한다. 이 규칙을 적용하면 6×3으로 구성된 사각형 안에 있는 직사각형의 개수는 126개이다.

1×6, 2×6, 3×6이 있는 직사각형의 개수를 세어 보면 21, 63, 126이라는 것을 알 수 있다. 이것은 가로 한 줄에 있는 직사각형의 개수에 세로에 있는 직사각형의 개수를 각각 곱한 결과와 같다. 즉 1×6에 있는 직사각형의 개수 21에 각각 세로로 6개의 직사각형이 만들어지므로 답은 $21\times6=126$이다.

가로줄에 a, b, c, d, e, f, g라고 이름을 붙이고, 세로줄에 A, B, C, D라고 한 후, 가로줄의 종류와 세로줄의 종류로 구하면 어떨까?
가로줄 ab, ac, ad, ae, af, ag, bc, bd, be, bf, bg, cd, ce, cf, cg, de, df, dg, ef, eg, fg로 모두 21가지, 세로줄 AB, AC, AD, BC, BD, CD로 6가지이므로 $21\times6=126$개구나.

$m\times1$으로 구성된 사각형 안에는 직사각형이 $\frac{m(m+1)}{2}$개 있고, $1\times n$으로 구성된 사각형 안에는 직사각형이 $\frac{n(n+1)}{2}$개 있다. 따라서 를 일반화하여 $m\times n$으로 구성된 사각형 안에 있는 직사각형의 개수는 다음과 같다.

$$\frac{m(m+1)}{2}\times\frac{n(n+1)}{2}$$

Tip 바둑판 모양의 땅에서 직사각형의 개수를 세는 방법은 가로 점들 중에 2개, 세로 점들 중에 2개 선택하는 방법의 수와 같다. 따라서 ${}_7C_2\times{}_4C_2=126$이 된다.

도 전 하 기

(1) 다음 그림에 있는 평행사변형의 개수를 모두 구해 보자.

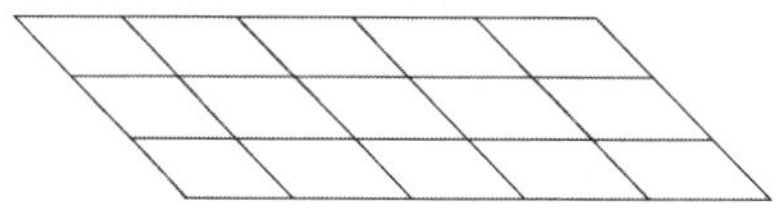

(2) 8×8 체스판에 있는 정사각형의 개수를 모두 구해 보자.

정답 (1) 90 (2) 64+49+36+25+16+9+4+1=204

2.4 도형이 되는 숫자!

지영이는 동생과 함께 바둑돌을 가지고 여러 가지 모양을 만들다가 아래의 그림과 같이 삼각형 모양을 점점 키워보았습니다. 삼각형을 키우니 필요한 바둑돌의 개수가 늘어났습니다. 이렇게 삼각형을 키우면 10번째에는 몇 개의 바둑돌이 필요할까요?

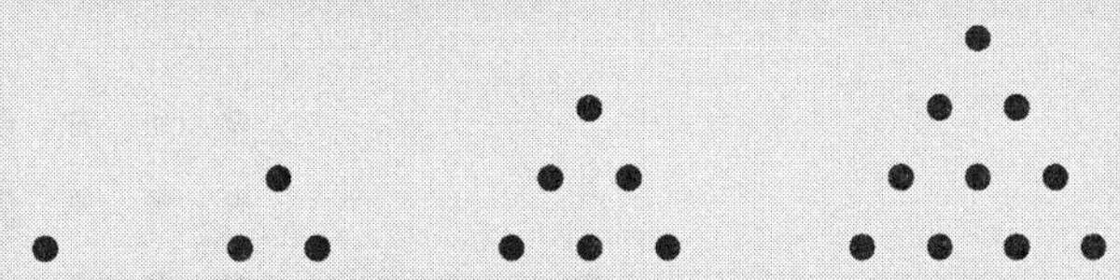

직접 그려 보면 되지. 첫 번째는 1층, 두 번째는 2층, 그렇다면 10번째는 10층이겠군. 그리고 10층을 그리는데 제일 꼭대기 층은 1개, 그 아래층은 2개 …. 이렇게 그리면 돼. 시간이 걸릴 뿐이지 필요한 개수는 찾을 수 있을 것 같아.

의 방법으로 그림을 그리면서 생각해보니 위의 삼각형 숫자들에는 일정한 규칙이 있는 것 같아. 표를 만들어서 계산해 보면 어떨까?

차례	1번째	2번째	3번째	4번째	…	10번째
바둑돌 수	1	1+2	1+2+3	1+2+3+4	…	1+2+…+9+10
총합	1	3	6	10		55

위의 표에서 10번째 필요한 바둑돌의 개수는 $1+2+\cdots+9+10=55$임을 알 수 있다.

삼각형 모양을 직각삼각형으로 바꾸면 계단 모양과 마찬가지가 되네? 여기에 같은 모양의 직각삼각형을 뒤집어 붙이면 직사각형 모양이 된다. 따라서 10번째 필요한 바둑돌의 개수는 $10 \times 11 \div 2 = 55$가 된다.

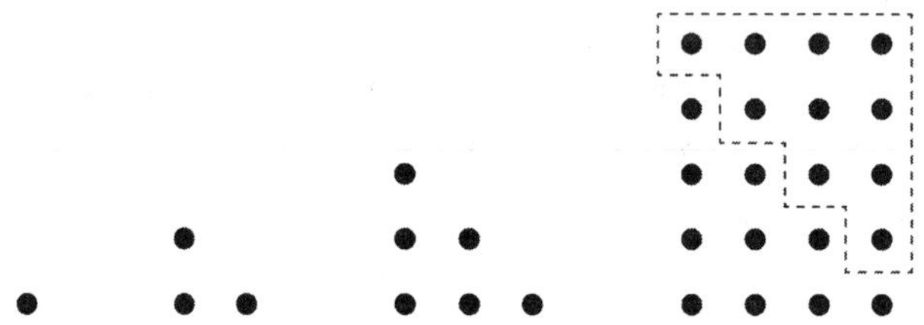

Tip 도형 모양으로 배열한 점으로 나타내는 수를 형상수라고 한다. 그 도형의 모양에 따라 삼각수, 사각수 등으로 부른다. 사각수는 완전제곱수라고도 한다.

삼각수

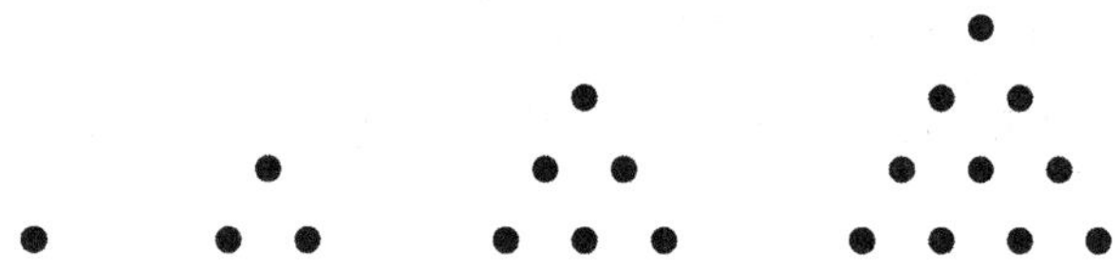

사각수

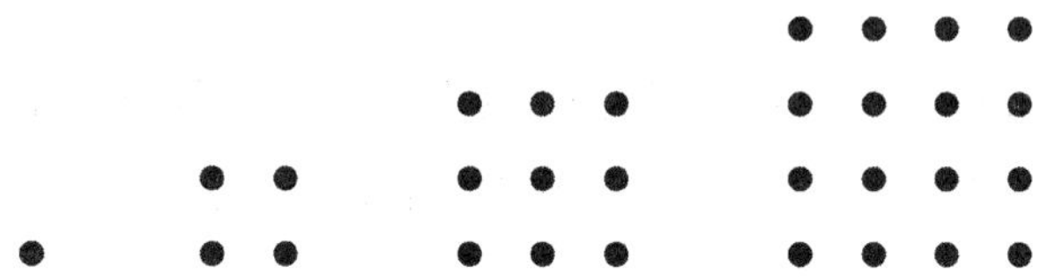

오각수

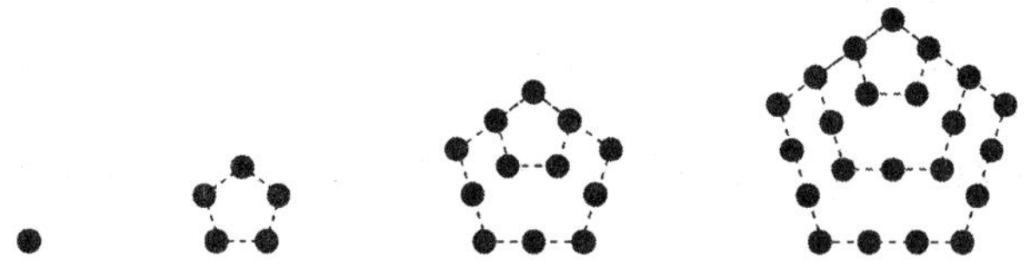

도 전 하 기

(1) 사각수를 연속하는 두 삼각수의 합으로 나타내어 보자.

(2) 오각수를 삼각수를 이용하여 나타내어 보자.

(3) 오각수를 삼각수와 사각수를 이용하여 나타내어 보자.

정답 (1) 아래 표를 살펴보면 n번째 사각수는 n번째 삼각수와 $n-1$번째 삼각수의 합으로 나타낼 수 있다.

수	1번째	2번째	3번째	4번째	…
삼각수	$1=1$	$1+2=3$	$1+2+3=6$	$1+2+3+4=10$	
사각수	$1^2=1$	$2^2=4$	$3^2=9$	$4^2=16$	

(2) n번째 오각수는 n번째 삼각수와 두 개의 $n-1$번째 삼각수 합으로 나타낼 수 있다.

(3) n번째 오각수는 $n-1$번째 삼각수와 n번째 사각수 합으로 나타낼 수 있다.

2.5 정삼각형의 개수

정삼각형의 세 변의 중점을 꼭짓점으로 하는 정삼각형 4개를 만들고 그 중 가운데 정삼각형을 제거해 3개의 정삼각형만 남깁니다. 남아있는 3개의 정삼각형들을 가지고 위의 과정을 무한히 반복해 가면 평면 위에 오른쪽 그림과 같은 삼각형이 나타나는데 이것을 시어핀스키 삼각형이라고 합니다. 5단계의 시어핀스키 삼각형에는 제거된 정삼각형이 모두 몇 개인지 알아봅시다.

단계별로 삼각형을 그려서 세어 보자. 0단계에서는 정삼각형 1개를 그리면 되고, 1단계에서는 삼각형의 각 변의 중점을 찍고 연결하면 돼. 제거되는 삼각형은 구별이 쉽게 색칠하면 되겠지? 1단계에서 제거되는 정삼각형은 1개, 2단계에서 제거되는 정삼각형은 4개, 3단계에서 제거되는 정삼각형은 13개야. 음, 5단계까지 그리기가 너무 어렵겠는데?

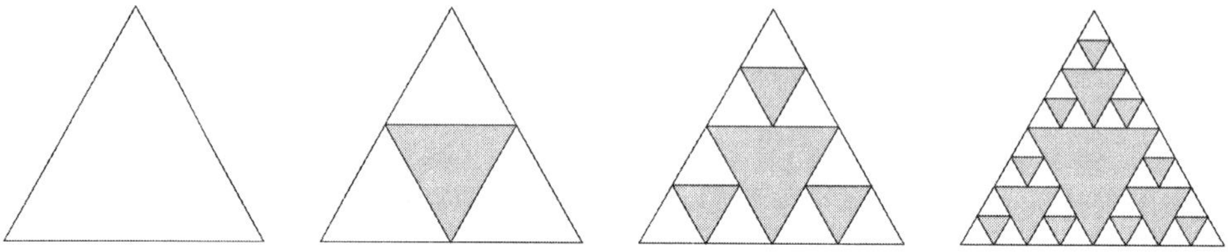

〈0 단계〉 〈1 단계〉 〈2 단계〉 〈3 단계〉

제거되는 삼각형의 규칙을 찾아보자.

1단계 : $1=3^0$

2단계 : $1+3=3^0+3^1$

3단계 : $1+3+(3\times3)=3^0+3^1+3^2$

⋮

n단계 : $1+3+(3\times3)+(3\times3\times3)+\cdots+\underbrace{(3\times3\times\cdots\times3\times3)}_{n-1\text{개}}$

$=3^0+3^1+3^2+3^3+3^4+\cdots+3^{n-1}$이야.

따라서 5단계에서 제거되는 삼각형은

모두 $3^0+3^1+3^2+3^3+3^4=1+3+9+27+81=121$개야.

Tip 시어핀스키 삼각형은 폴란드의 수학자인 와크로 시어핀스키(Waclaw Sierpinski)가 고안한 것으로 다음과 같은 규칙을 가지고 있다(이정례, 2007).

1) 검은색을 가진 어떤 한 정삼각형이 있다.
2) 주어진 삼각형의 세 변의 중점을 꼭짓점으로 하는 정삼각형을 4개 만든다.
3) 가운데 있는 작은 정삼각형을 제거하여 3개의 정삼각형만 남긴다.
4) 남아있는 3개의 정삼각형들을 가지고 위의 과정을 반복한다.
5) 이런 과정을 무한히 되풀이하여 얻어지는 삼각형이 시어핀스키 삼각형이다.

시어핀스키 삼각형을 개스킷 삼각형이라고도 하는데, 이는 자동차의 엔진에서 가스가 새는 것을 막기 위해 엔진의 본체와 헤드 사이에 끼우는 개스킷처럼 구멍이 숭숭 뚫려있다고 해서 붙여졌다고 한다.

도전하기

(1) 10단계의 시어핀스키 삼각형에는 제거된 정삼각형이 모두 몇 개인지 구해 보자.

(2) 5단계의 시어핀스키 삼각형에 남아있는 작은 정삼각형이 모두 몇 개인지 구해 보자.

정답 (1) 29524개

(2) 243개

각 단계에서 남아 있는 정삼각형의 개수는 다음과 같다.

1단계 : $3=3^1$

2단계 : $3\times3=3^2$

3단계 : $(3\times3)\times3=3^3$

$\vdots$

n단계 : $\underbrace{(3\times3\times\cdots\times3)\times3}_{n}=3^n$

따라서 5단계에서 남아있는 정삼각형의 개수는 모두 243개이다.

2.6 면을 최대로 나누기

직선 1개로 면을 최대 2개로 나눌 수 있고, 직선 2개로 면을 최대 4개로 나눌 수 있습니다. 그러면 직선 10개로 면을 최대 몇 개로 나눌 수 있습니까?

직접 직선을 이용하여 면을 최대로 나누어 보도록 하자.

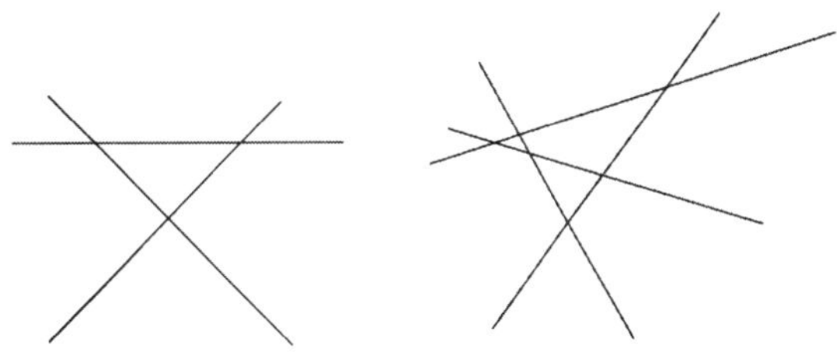

직선 3개로 면을 최대 7개로 나눌 수 있고, 직선 4개로 면을 최대 11개로 나눌 수 있다. 그런데 그 다음은 그림으로 그리기가 어렵네.

규칙을 찾아보도록 하자. 직선이 1, 2, 3, 4, …에 따라 면을 최대로 분할할 수 있는 수는 2, 4, 7, 11, …이며, 규칙은 2, 3, 4, … 씩 증가한다. 따라서 이를 표로 나타내 보면 다음과 같고, 직선 10개로 면을 최대 56개로 나눌 수 있다.

직선의 수	1	2	3	4	5	6	7	8	9	10
면의 수	2	4	7	11	16	22	29	37	46	56

n개의 서로 다른 점들은 한 직선을 $n+1$개로 분할한다.

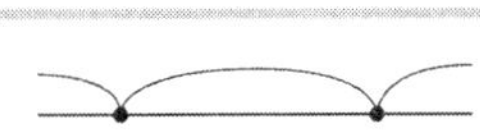

즉, 분할된 선의 개수는 (선의 개수) $= 1 +$ (점의 개수)이다. 마찬가지로 n개의 서

로 다른 직선에 의해 생기는 최대 평면의 개수는 (평면의 개수)=1+(직선의 개수)+(교점의 개수)이다. 따라서 직선 10개에 의해 생기는 최대 평면의 개수는 $1+10+45=56$이다.

Tip n개의 서로 다른 직선에 의해 생기는 최대 평면의 개수는 $b_n = 1 + {}_nC_1 + {}_nC_2$이다. 또 n개의 서로 다른 평면에 의해 생기는 최대 공간의 개수는 $C_n = 1 + {}_nC_1 + {}_nC_2 + {}_nC_3$이다(Polya, 1990).

도 전 하 기

(1) 직선 12개로 면을 최대 몇 개로 나눌 수 있는지 구해 보자.

(2) 평면 10개로 공간을 최대 몇 개로 나눌 수 있는지 구해 보자.

정답 (1) 79개 (2) 176개

2.7 원이 만나서 생기는 점

그림과 같이 크기가 같은 두 개의 원이 만났을 때 생기는 점의 최대 개수는 2개입니다. 12개의 원을 그렸을 때, 원과 원이 만나서 생기는 점의 개수는 최대 몇 개인지 알아봅시다.

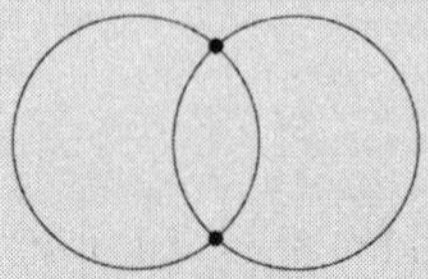

원이 만날 때 점의 개수가 최대가 되도록 하려면 원과 원이 모두 만나게 그려야 하는 거지? 원이 3개, 4개가 만날 때, 점은 몇 개가 되는지 직접 원을 그려보자.

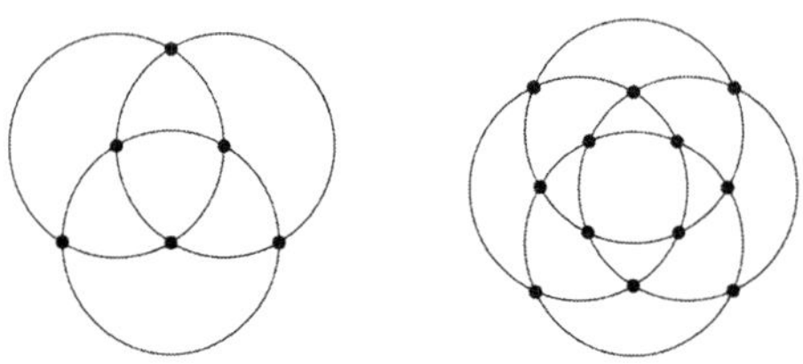

그런데 언제 원 12개를 그리지? 직접 그리면서 찾는 것은 너무 어려운데?

원의 개수와 점의 개수 사이의 관계에서 규칙을 찾아보자.

원의 개수	2	3	4	5	6	7
점의 개수	2	6	12	20	30	42
규칙	1×2	2×3	3×4	4×5	5×6	6×7

그러면 더 많은 원을 그렸을 때는 어떻게 되는지 규칙을 찾아 식으로 나타내 볼까? 원의 개수를 n이라고 할 때, (원과 원이 만나서 생기는 점의 최대 개수)= $(n-1)\times n$이다(고선윤(역), 2009). 따라서 원을 12개 그린다면, 원과 원이 만나서 생기는 점의 최대 개수는 $11\times12=132$개, 즉 132개임을 알 수 있다.

도전하기

(1) 원의 개수가 100개 일 때, 원과 원이 만나서 생기는 점의 최대 개수를 구해 보자.

정답 (1) 9900개

03

게임에서 규칙 찾기

게임을 통한 수학적 활동은 게임을 하는 동안 수학적인 내용에 대해 생각하고 그렇게 생각한 수학적인 추론이나 추측들을 매우 구체적인 상황에 적용할 수 있는 기회를 제공한다. 그리고 친구들과의 게임을 통해 서로의 생각을 나누고, 스스로 지식을 만들 수 있는 기회를 제공한다.

게임을 할 때에는 단지 게임을 하는 데에만 머무르지 말고, 게임에 내재된 수학적 원리를 발견하는데 초점을 두어야 한다. 게임은 눈과 귀로 하는 것이 아니라, 오감으로 체험하는 것이며, 공부를 한다는 느낌 없이도 수학에서 요구하는 목적을 달성할 수 있다. 게임을 하는 동안 승리를 위한 전략을 판단하게 하는 과정에서 그 전략에 내재된 수학적 의미를 발견해 보고 적용하는 것이 게임을 하는 중요한 의미이다. 재미있는 게임을 통해 자연스럽게 수학의 세계로 여행을 떠나보도록 하자.

3.1 게임에서 이기는 방법

민수와 나는 17개의 바둑돌을 이용하여 게임을 하려고 합니다. 서로 번갈아 가며, 자기 차례에 1개 또는 2개의 바둑돌을 가져 올 수 있으며, 마지막 바둑돌을 가져오는 사람이 이기는 게임입니다. 내가 이 게임에서 민수를 이기고 싶다면 바둑돌을 어떻게 가지고 와야 할까요?

민수보다 무조건 많이 가져와서 남아 있는 바둑돌의 개수를 줄여가는 거야. 내 차례에 가져올 수 있는 가장 많은 바둑돌의 수는 2개니까 민수가 몇 개를 가져가든 나는 무조건 2개씩 가져와서 남아 있는 바둑돌의 개수를 줄여가는 거지. 그런데 3개가 남았네! 어쩌지? 내가 2개를 가져가면 민수가 마지막 1개를 가져가고, 내가 1개만 가져가면 민수가 2개를 모두 가져갈 것이 틀림없는데. 이번엔 민수가 이기겠어. 이런 방법으로는 민수를 계속 이길 수 없겠군.

처음부터 무조건 많이 가져가는 것은 안 되겠네. 마지막 바둑돌을 가져가는 사람이 이기는 게임이니까 거꾸로 한 번 생각해볼까? 내가 마지막 바둑돌을 가져가려면 제일 마지막 선택에서 책상 위에 3개의 바둑돌이 남아 있어야 해. 그래서 민수가 만약 1개를 가져가면 내가 마지막 2개를 가져오면 되고, 민수가 2개를 가져가면 남은 1개를 가져와서 내가 이기게 되는 거지. 그럼 그 전 선택에서는 6개의 바둑돌이 남아 있어야 하고, 그 전 선택에서는 9개, 그 전 선택에서는 12개, 그 전 선택에서는 15개가 남아 있어야 해. 그렇다면 바둑돌이 17개니까 처음 선택에서 내가 2개의 바둑돌을 민수보다 먼저 가져와야 하고 15개, 12개, 9개, 6개, 3개가 남아 있도록 바둑돌을 가져오면 게임에서 이기겠군.

마지막 선택에서 3개의 바둑돌이 남아 있어야 민수가 바둑돌을 어떻게 가져가든 내가 이길 수 있어. 그러므로 남아 있는 바둑돌의 개수가 계속 3의 배수만큼 되도록 가져가는 것이 중요해. 따라서 17까지의 수 중에서 3의 배수로 가장 큰 수는 15니까 처음 선택에서 15개가 남아 있도록 하려면 내가 민수보다 먼저 선택권을 가지고 2개를 가져와야 해. 그럼, 이 게임에서 민수가 어떤 선택을 하든지 내가 이길 수 있어.

Tip '거꾸로 풀기' 전략을 이용해서 해결한다. 구하고자 하는 결과에서 시작하여 문제의 처음 조건에 도달할 때까지 한 단계씩 거꾸로 해결해 가는 것이다. 상대가 이 전략을 모를 경우 (한 번에 최대로 가지고 갈 수 있는 바둑돌의 개수+1)의 배수만큼 바둑돌이 남아 있게만 한다면 처음에 몇 개를 가져가든 내가 이 게임에서 이기게 되겠지만, 만약 상대가 이 게임에서 이기는 방법을 알고 있다면 먼저 선택권을 가져야 이 게임에서 이길 수 있다.

도 전 하 기

(1) 31개의 바둑돌을 이용하여 게임을 하려고 한다. 서로 번갈아 가며, 한 번에 최대 3개까지 바둑돌을 가지고 올 수 있으며, 마지막 바둑돌을 가져오는 사람이 이기는 게임이다. 내가 이 게임에서 이길 수 있는 방법을 찾아 보자.

(2) 31개의 바둑돌을 이용하여 게임을 하려고 한다. 서로 번갈아 가며, 한 번에 최대 4개까지 바둑돌을 가지고 올 수 있으며, 마지막 바둑돌을 가져오는 사람이 이기는 게임이다. 내가 이 게임에서 이길 수 있는 방법을 찾아 보자.

정답 (1) 처음에 3개의 바둑돌을 내가 가져오고, 계속 남은 바둑돌의 개수가 4의 배수가 되도록 하면 마지막 선택에서 상대의 선택에 따라 1개, 2개 또는 3개의 바둑돌을 내가 가져와서 게임에서 이기게 된다.

(2) 처음에 1개의 바둑돌을 내가 가져오고, 계속 남은 바둑돌의 개수가 5의 배수가 되도록 하면 마지막 선택에서 상대의 선택에 따라 1개, 2개, 3개 또는 4개의 바둑돌을 내가 가져와서 게임에서 이기게 된다.

3.2 어떻게 수를 선택해야 이길 수 있을까?

나는 친구와 함께 1부터 6까지 여섯 개의 수 중에서 어떤 수를 차례로 선택하여 합이 큰 수를 만드는 사람이 이기는 놀이를 하려고 합니다. 주어진 수 가운데 내가 선택할 수의 약수가 남아 있다면 나는 어떤 수라도 선택할 수 있습니다. 그리고 내가 어떤 수를 선택하게 되면 친구는 나머지 수 중에서 그 수의 약수를 모두 갖게 됩니다. 단, 내가 선택하고자 하는 수의 약수가 남아있지 않다면 게임은 끝나고, 친구는 남아 있는 수를 모두 갖게 됩니다. 내가 선택한 수들의 합이 친구가 가진 수들의 합보다 크려면 어떤 수를 선택하는 것이 좋을까요?

합이 큰 수를 만드는 놀이니까 처음에 무조건 가장 큰 수를 선택하는 것이 좋겠지? 1부터 6까지의 수중에서 가장 큰 수는 6이니까 내가 처음에 선택할 수는 무조건 6이야. 내가 6을 선택하면 남은 수는 1, 2, 3, 4, 5. 그럼, 친구는 그 중에서 6의 약수인 1, 2, 3을 가져가겠네. 이제 남아 있는 수는 4와 5야. 그런데 4와 5 두 수 모두 약수가 남아 있지 않으니 게임은 끝나버리고 4와 5 두 수 모두 친구가 가져가고 말았네. 나에게는 6만 있는데 친구는 1, 2, 3, 4, 5 모두를 가지고 있으니까 합을 구하면 $1+2+3+4+5=15$. 친구가 이겼네. 무조건 큰 수를 선택한다고 이길 수는 없겠는걸.

내가 친구와 게임을 한다고 상상하며 여러 가지 방법으로 게임을 해 본 후 내가 처음에 어떤 수를 선택해야 할지 결정하는 것이 좋겠어. 6을 선택하면 친구가 이기게 되고 1은 약수가 없으니까 1과 6을 제외한 수중에서 처음 선택할 수를 골라야겠어.

처음에 선택하는 수를 가장 작은 수인 2부터 차례로 선택해 보자.

순서	나의 생각	내가 고른 수	친구가 가져간 수
1	가장 큰 수를 고르면 친구가 이기게 되니까 이번엔 가장 작은 수인 2를 처음에 선택해야지. 그럼 친구는 2의 약수인 1만 가져가게 될 거야.	2	1
2	남은 수는 3, 4, 5, 6인데 이 중에 약수가 남아있는 수는 6이니까 내가 두 번째로 선택해야 하는 수는 6이야. 그럼 친구는 6의 약수인 3만 가져가게 될 거야. 지금까지는 내가 이기고 있어.	6	3
3	이제 남아있는 수는 4와 5야. 그런데 두 수 모두 약수가 남아있지 않으니까 4와 5는 모두 친구가 가져가고 게임이 끝나버렸네.	×	4, 5
합	처음에 2를 선택하면 친구가 이기겠구나.	8	13

처음에 2를 선택하면 친구가 이기게 되니까 두 번째로 작은 수인 3을 처음에 선택하면 내가 이길 수 있지 않을까?

순서	나의 생각	내가 고른 수	친구가 가져간 수
1	두 번째로 가장 작은 수인 3을 처음에 선택해야지. 그럼 친구는 3의 약수인 1만 가져가게 될 거야. 2를 선택했을 때보다 차가 더 커지네. 이번엔 이길지도 모르겠는걸.	3	1
2	남은 수는 2, 4, 5, 6인데 이 중에 약수가 남아있는 수는 4와 6인데 어떤 수를 선택하지? 두 수 중 더 큰 수인 6을 선택해야지. 그럼 친구는 남은 수중에서 6의 약수인 2를 가져가게 될 거야. 지금까지는 내가 이기고 있어.	6	2
3	이제 남아있는 수는 4, 5밖에 없어. 그런데 4와 5의 약수가 남아있지 않으니까 4와 5는 친구가 가져가고 게임이 끝나버렸네.	×	4, 5
합	처음에 3을 선택하고, 두 번째로 6을 선택하면 친구가 이기겠구나.	9	13

처음에 3을 선택하고, 두 번째에 선택하는 수를 바꿔 볼까?

순서	나의 생각	내가 고른 수	친구가 가져간 수
1	처음에 3을 선택하면 친구는 3의 약수인 1만 가져가겠지.	3	1
2	남은 수는 2, 4, 5, 6인데 이 중에 약수가 남아있는 수는 4와 6인데 6을 선택하면 친구가 이기게 되니까 이번엔 4를 선택해야지. 그럼 친구는 남은 수 중에서 4의 약수인 2를 가져가게 될 거야. 지금까지는 내가 이기고 있어.	4	2
3	이제 남아있는 수는 5와 6인데 두 수 모두 약수가 남아있지 않으니까 5와 6 모두 친구가 가져가고 게임이 끝나버렸네.	×	5, 6
합	처음에 3을 선택하고, 두 번째로 4를 선택해도 친구가 이기게 되는데?	7	14

처음에 3을 선택하면 두 가지 경우 모두 친구가 이기게 되니까 3을 선택하면 안 되겠어. 그럼 이제 남은 수는 4와 5야. 먼저 4를 처음에 선택하면 어떻게 되는지 생각해 보자.

순서	나의 생각	내가 고른 수	친구가 가져간 수
1	처음에 4를 선택해보자. 그럼 친구는 4의 약수인 1과 2를 가져가게 될 거야. 여기까지는 내가 이기고 있어.	4	1, 2
2	남은 수는 3, 5, 6인데 이 중에 약수가 남아있는 수는 6이니까 나는 6을 선택하고, 친구는 6의 약수인 3을 가져가게 될 거야. 아직까지는 내가 이기고 있어. 이번엔 내가 이기겠는걸.	6	3
3	이제 남아있는 수는 5인데 약수가 남아있지 않으니까 5는 친구가 가져가고 게임이 끝나버렸네.	×	5
합	아쉽게도 1점 차이로 친구가 이기고 말았네.	10	11

4를 선택해도 친구가 이기게 되네. 이제 마지막 남은 방법은 처음에 5를 선택하는 거야.

순서	나의 생각	내가 고른 수	친구가 가져간 수
1	5를 처음에 선택해 보자. 그럼 친구는 5의 약수인 1을 가져가게 될 거야.	5	1
2	남은 수는 2, 3, 4, 6인데 이 중에 약수가 남아있는 수는 4와 6이야. 이 중에서 더 큰 수인 6을 먼저 골라볼까? 그럼 친구는 6의 약수인 3을 가져가게 될 거야.	6	3
3	이제 남아있는 수는 2와 4인데 약수가 남아있는 수를 골라야 하니까 나는 4를 선택해야지. 그럼 친구는 2를 가져가게 될 거야. 어쩐지 이번엔 내가 이길 것 같은데.	4	2
합	드디어 내가 이겼다!	15	6

처음에 5를 선택하고, 두 번째에 4를 선택해도 내가 이길 수 있을까? 두 번째에 4를 선택하면 친구는 2를 가져가게 되겠지? 그럼 3과 6이 남고 세 번째에 차례에서 나는 약수가 남아있는 6을 선택하면, 친구는 3을 가져가게 되겠네. 그럼 내가 선택한 카드는 5, 4, 6이니까 합이 15이고, 친구가 가져간 카드는 1, 2, 3이니까 합은 6이야. 조금 전에 한 것이랑 같네? 그럼 내가 친구를 이길 수 있는 방법은 처음에 무조건 5를 가져가면 되겠네.

처음에 어떤 수를 선택해야 되는지 이제 알겠어. 5는 약수가 자신과 1뿐이야. 3도 5와 마찬가지로 약수가 자신과 1뿐이지만 3을 가장 먼저 선택하면 약수가 없는 5가 마지막에 남게 되니까 친구가 이기게 되지. 이 게임에서 이기려면 약수가 자신과 1뿐인 수 중에서 가장 큰 수를 먼저 선택해야겠어(Mathematical Sciences Education Board of National Research Council, 1993). 그리고 약수가 남아있지 않으면 나머지 모든 수를 친구가 가져가게 되니까 약수가 남아 있도록 하면서 약수의 개수가 적게 남은 수를 다음 수로 선택해 가는 것이 이 게임에서 이기는 방법이야. 이 방법대로 하면 내가 처음에 5를 선택하면 친구는 1, 두 번째로 4를 선택하면 친구는 2, 마지막으로 6을 선택하면 친구는 3을 가져가게 되어 결국 수의 합이 큰 내가 이기게 되는 거지. 두 번째 선택에서 4와 6 중 어느 것을 선택해도 상관이 없어. 두 수 모두 남아 있는 약수의 개수가 같기 때문이야.

도 전 하 기

(1) 1부터 12까지의 수가 있을 때 이 게임에서 이기려면 나는 어떤 순서로 수를 선택해야 하는지 찾아 보자.

정답 (1) 11 → 8 → 9 → 10 → 12
(8과 9, 10과 12에서 각각 선택 순서가 바뀌거나 8, 9, 10에서 선택 순서가 바뀌어도 게임에서 이길 수 있다. 즉, 11 → 8 → 9 → 12 → 10, 11 → 9 → 8 → 10 → 12, 11 → 9 → 8 → 12 → 10, 11 → 10 → 8 → 9 → 12, 11 → 10 → 9 → 8 → 12 모두 정답이다. 그 외 11 → 10 → 9 → 12가 있다.)

3.3 'ALICE' 글자를 밟아라.

이상한 나라 앨리스는 어느 한 왕국에 붙잡히게 되었습니다. 왕은 좌우, 상하 또는 대각선으로 한 칸만 움직여서 반드시 'ALICE'라는 글자를 밟을 수 있는 방법을 모두 구하면 풀어주겠다고 했습니다. 앨리스는 과연 몇 가지 방법으로 'ALICE'라는 글자를 밟아갈 수 있을지 알아봅시다.

직접 지나갈 수 있는 길을 그려 보자. 먼저 가운데를 통과하며 지나갈 수 있고, 가장 아랫줄에 왼쪽에서부터, 그리고 오른쪽에서부터 각각 출발하여 지나가는 방법이 있어, 다 찾았나? 더 있는 것 같은데…….

어! 그런데 가만 보니 'ALICE'의 끝 자인 'E'자가 딱 한 칸 밖에 없네. 그러니까 E에서 시작해서 C→I→L→A 순서대로 가는 방법을 찾아가면서 숫자를 세면 돼. E에서 시작해서 C로 가는 방법은 3가지, C에서 시작해서 I로 가는 방법은 2+3+2=7가지, I에서 시작해서 L로 가는 방법은 2+2+3+2+2=11가지, L에서 시작해서 A로 가는 방법은 2+2+2+3+2+2+2=15가지이니까, 모두 더하면 36가지이다. 이것은 오답이다.

우선 세로 한가운데를 축으로 왼쪽 칸들을 들여다보자.

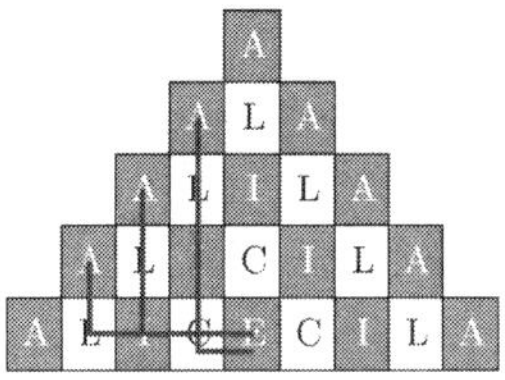

E로 시작해 뒷걸음질 칠 때마다 온전한 'ALICE'가 만들어지기 위한 가능성이 두 개씩 나온다. 다섯 개의 철자니까 네 걸음을 옮길 때마다 두 가지 선택 가능성이 있으므로 $2\times2\times2\times2=16$가지가 된다.

오른쪽도 마찬가지이므로 곱하기 2를 한다. 단, 축이 되는 수직의 'ALICE'는 반복 계산되었으므로 1을 빼준다. $2\times16-1=31$이므로 앨리스가 'ALICE'라는 글자를 밟아갈 수 있는 방법은 31가지가 된다.

도 전 하 기

(1) 이상한 나라 앨리스가 1-2-3-4-5-6-7을 순서대로 밟을 수 있는 방법을 모두 구해야 한다고 한다. 모두 몇 가지 방법이 있는지 구해 보자.

1
1 2 1
1 2 3 2 1
1 2 3 4 3 2 1
1 2 3 4 5 4 3 2 1
1 2 3 4 5 6 5 4 3 2 1
1 2 3 4 5 6 7 6 5 4 3 2 1

정답 (1) 127가지

3.4 검은 돌과 흰 돌의 자리를 바꾸어라.

오른쪽 그림에서와 같이 가운데 빈자리를 하나 두고 검은 돌과 흰 돌이 있다. 검은 돌과 흰 돌이 각각 n개일 때, 다음 규칙에 따라 서로 자리를 바꾸는 최소의 횟수는 얼마입니까?

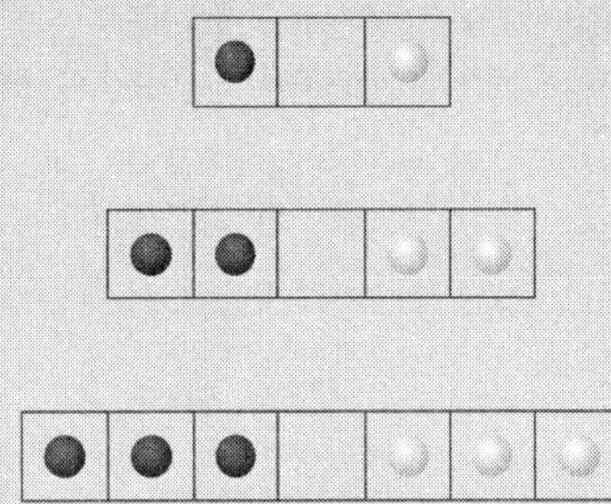

규칙 :

1. 움직일 때는 한 번에 한 칸만 움직인다.
2. 검은 돌은 오른쪽으로만, 흰 돌은 왼쪽으로만 움직인다.
3. 검은 돌은 바로 옆에 흰 돌이 한 개 있을 때 점프할 수 있다. 또한 흰 돌도 바로 옆에 검은 돌이 한 개 있을 때 점프할 수 있다.

검은 돌과 흰 돌을 종이 위에서 직접 시행해 본다.
먼저 검은 돌과 흰 돌이 각각 1개일 때 서로 자리를 바꾸어 보면, 최소한 3번을 옮겨야 검은 돌과 흰 돌의 자리를 바꿀 수 있다.

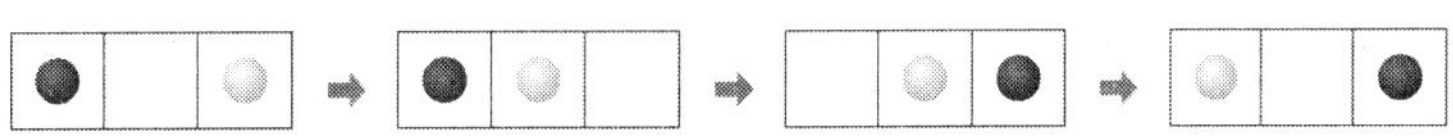

검은 돌과 흰 돌이 각각 1개, 2개, 3개, 4개, …일 때의 최소의 횟수를 구해 보면 3, 8, 15, 24, …임을 알 수 있다. 그렇지만 이 결과만으로는 검은 돌과 흰 돌이 n개일 때, 서로 자리를 바꾸는 최소의 횟수를 구하기는 어렵다.

검은 돌과 흰 돌이 서로 자리를 바꾸는 최소의 횟수를 와 같은 방법으로 구하고, 최소의 횟수인 3, 8, 15, 24, …에서 규칙을 찾아보면 검은 돌과 흰 돌이 각각 n개일 때, 서로 자리를 바꾸는 최소의 횟수는 $n(n+2)$임을 알 수 있다.

예를 들어 검은 돌과 흰 돌이 각각 3개일 때 검은 돌과 흰 돌이 서로 자리를 바꾸는 규칙을 보면, 아래 그림과 같은 과정으로 시행하면 된다(김부윤, 이지성, 2005). 먼저, 처음에는 1단계 형태로 만들어준다. 다음에는 2단계 형태로 만들고, 마지막으로 검은 돌을 오른쪽으로 한 개씩 옮겨간 뒤, 흰 돌을 왼쪽으로 옮겨가면 끝이 난다.

처음	●	●	●		○	○	○
1단계		●	○	●	○	●	○
2단계	○	●	○	●	○	●	
3단계	○	○	○		●	●	●

1단계에서 검은 돌과 흰 돌이 각각 1, 2, 3, 4, …일 때 최소의 횟수는 1, 3, 6, 10, …이 된다. 이 수의 배열을 이용하여 검은 돌과 흰 돌이 n개씩 있는 경우의 최소의 횟수를 구하면 $\frac{n(n+1)}{2}$이 된다.

2단계에서는 검은 돌과 흰 돌의 자리를 바꾸기 위하여 빈칸을 ○, ●, ○, ●, ○, ●의 배열로 만들어야 하므로 흰 돌을 차례로 옮기는 것으로 생각하면 된다. 따라서 검은 돌과 흰 돌이 n개씩 있는 경우의 최소의 횟수를 구하면 n이 된다.

3단계에서는 1단계와 완전히 반대이므로 최소의 횟수는 1단계와 동일하게 $\frac{n(n+1)}{2}$이다. 따라서 이를 정리하면 1단계의 최소의 횟수는 $\frac{n(n+1)}{2}$이고, 2단계의 방법의 수는 n이고, 3단계의 최소의 횟수는 $\frac{n(n+1)}{2}$이다.

따라서 검은 돌과 흰 돌이 각각 n개일 때, 서로 자리를 바꾸는 최소의 횟수는 (1단계의 최소의 횟수)+(2단계의 최소의 횟수)+(3단계의 최소의 횟수)이므로 $\frac{n(n+1)}{2}+n+\frac{n(n+1)}{2}=n(n+2)$번이 된다.

옮기는 과정에서 나타나는 행위를 $g(go)$와 $j(jump)$로 나타내어 검은 돌과 흰 돌이 각각 1, 2, 3, 4개일 때 방법을 살펴보면 다음과 같다(김부윤, 이지성, 2005).

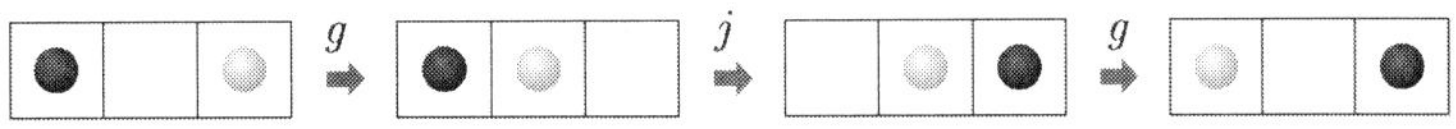

검은 돌과 흰 돌이 각각 1개일 때 방법 : gjg

검은 돌과 흰 돌이 각각 2개일 때 방법 : $gjgjjgjg$

검은 돌과 흰 돌이 각각 3개일 때 방법 : $gjgjjgjjjgjjgjg$

검은 돌과 흰 돌이 각각 4개일 때 방법 : $gjgjjgjjjgjjjjgjjjgjjgjg$

이다. 이를 살펴보면

$$\begin{aligned} g+j &= (2n)+1+2+3+4+\cdots+(n-1)+n+(n-1)+\cdots+3+2+1 \\ &= 2n+\frac{n(n+1)}{2}+\frac{n(n-1)}{2} \\ &= 2n+n^2 \end{aligned}$$

도 전 하 기

(1) 아래 그림과 같이 남학생과 여학생이 나누어 앉아 있다. 남학생은 오른쪽으로만, 여학생은 왼쪽으로만 움직일 수 있다. 남학생과 여학생은 한 명을 놓고 점프할 수 있으며, 움직일 때는 한 번에 한 칸만 움직인다면 서로 자리를 바꿀 수 있는 최소의 횟수를 구해 보자.

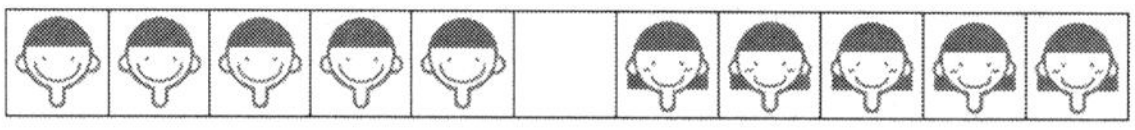

정답 (1) 35

3.5 전설의 하노이탑

하노이탑의 A 말뚝에 놓여진 7개의 링을 다음 규칙에 따라 C 말뚝으로 모두 옮기려고 한다.
(a) 한 번에 한 개의 링이 움직일 수 있다.
(b) 큰 링은 작은 링 위에 위치할 수 없다.
(c) 모든 말뚝이 사용되어야 한다.
말뚝 C에 링을 옮기는데 필요한 최소한의 움직임 수를 구해 봅시다.

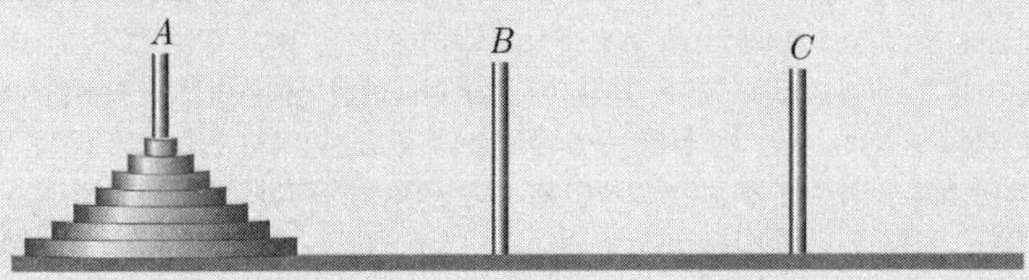

직접 하노이탑 모형을 이용하여 해 보면 될 것 같은데, 최소한의 수를 구하기가 쉽지 않네.

각 링의 개수와 최소 이동 횟수간의 규칙을 찾아보자. 그러면 그 횟수는 아래 표와 같다.

링의 개수	1	2	3	4	5	…
최소 이동 횟수	1	3	7	15	31	…

최소 이동 횟수의 규칙을 살펴보면 링의 개수가 1일 때부터 2, 4, 8, 16, …을 더한 결과가 최소 이동 횟수가 됨을 알 수 있다. 따라서 링이 7개일 때 최소 이동 횟수는 127임을 알 수 있다.

의 최소 이동 횟수를 관찰하면 1, 3, 7, 15, 31, …이고, 이 수들의 특징을 살펴보면 2를 링의 수만큼 곱한 값인 2^n에서 1을 뺀 수와 같다. 따라서 7개일 때 최소 이동 횟수는 $2\times2\times2\times2\times2\times2\times2-1=2^7-1=127$임을 알 수 있다.

Tip 위에 제시한 문제는 하노이탑 문제로 알려져 있으며, 다음과 같은 전설이 담겨져 있다. 인도 베나레스에 있는 한 사원에는 세상의 중심을 나타내는 큰 돔이 있고 그 안에 세 개의 다이아몬드 바늘이 동판 위에 세워져 있다. 바늘 가운데 하나에는 신이 세상을 창조할 때 64개의 순금 원판을 끼워 놓았다. 가장 큰 원판이 바닥에 놓여 있고, 나머지 원판들이 점점 작아지며 꼭대기까지 쌓아 있다. 이것이 신성한 브라만교 대사원의 하노이탑이다.

승려들은 모든 원판을 다른 바늘로 옮기기 위해 원판은 한 번에 한 개씩만 옮겨야 하고, 작은 원판 위에 큰 원판을 올려놓아서는 안 된다는 원칙을 지키면서 밤낮 없이 차례로 제단에 올라 규칙에 따라 원판을 하나씩 옮겨야 한다. 하노이탑 문제를 해결하기 위해서는 모두 $2^{64}-1$ =18446744073709551615번이 필요하다. 이 때 한 개의 원판을 옮기는데 걸리는 시간을 1초라고 하면 원판을 모두 옮기는 데는 약 5천8백억 년이 넘게 걸린다. 지구의 나이가 약 45억년이라 하니 이 원판을 다른 바늘에 옮기는 것은 지구가 없어지기 전에는 불가능할 것이다.

도 전 하 기

(1) 하노이탑에 링이 10개 있을 때 링을 옮기는 데 필요한 최소한의 이동 횟수를 구해 보자.

정답 (1) 1023

참고문헌

강시중(1992). 수학교육론. 서울: 교육출판사.

강지형, 김수환, 라병소, 박성택, 이의원, 정은실(2008). 7차 교육과정에 의한 초등수학교육. 동명사.

고선윤 역(2009). 친구들에게만 알려주고 싶은 수학시크릿. 바다출판사.

교육과학기술부(2010). 수학 4-1. 두산동아(주).

교육과학기술부(2011). 수학과 교육과정-교육과학기술부 고시 제 2011-361호[별책 8]. 교육과학기술부.

구광조, 라병소, 이강섭(2008). 창의력 향상을 위한 수학 산책. 경문사.

김부윤, 이지성(2005). 자리 바꾸기 문제를 활용한 수학적 창의성의 발현 과정 연구. 수학교육논문집, 19(2), 327-343.

류정현 역(2009). 북경대 초등 영재수학 3A. 도비출판사.

성기환 역(2008). 창의력에 생각을 더하는 영재수학. 서울: 예가.

우정호(1998). 학교수학의 교육적 기초. 서울대학교출판부.

이미경 외 6(2004). OECD/PISA 2003 평가틀 및 예시문항: 수학, 과학, 문제해결력 소양 영역. 한국교육과정평가원 연구자료 ORM 2004-25-1.

이미경. 손원숙, 노언경(2007). PISA 2006 결과 분석 연구: 과학적 소양, 읽기 소양, 수학적 소양 수준 및 배경 변인분석. 한국교육과정평가원 연구보고 RRE 2007-1.

이대현, 최승현(2011). 문제해결을 통한 수학적 경험. 서울: 경문사.

이정례(2007). 수학의 오솔길. 서울: 경문사.

임나탈리아 역(2007). 페렐만의 살아있는 수학. 써네스트.

정지호 역(1990). 수학의 역사. 서울: 창원사.

이태욱(2005). 수학하고 한번 놀아봐. 서울: 경문사.

한명수 역(1994). 수학 퍼즐 랜드. 전파과학사.

해법수학영재교육연구회(2006). 해법수학 학력평가 결과 분석 보고서. 천재교육.

Evynck, G. (1991). Mathematical Creativity. In D. Tall(Ed.), *Advanced Mathematical Thinking* (pp.42-53), Dordrecht: Kluwer Academic Publishers.

Lenchner, G. (1983). *Creative Problem Solving in School Mathematics*. Boston: Houghton Mifflin Company.

Mathematical Sciences Education Board of National Research Council(1993). Measuring Up: Prototypes for Mathematics Assessment. Washington, DC: The National Academy Press.

Polya, G. (1990). Mathematics and Plausible Reasoning Vol 1. Princeton University Press.

Wertheimer, M. (1945). *Productive Thinking*. New York: Harper & Brothers Published. 矢田部達郎(譯) (1952). 生産的 思考. 岩波現代叢書.

아이들은 수학 문제를
이렇게도 풀어요

지은이 이대현 · 고은이 · 김경희 · 김순형 · 김태수 · 김희연 · 박정웅
손아영 · 오수진 · 유재혁 · 윤선범 · 이민경 · 이수연 · 임시연
전금옥 · 조성민 · 최양혁 · 최지영 · 한지민
펴낸이 조경희
펴낸곳 경문사
펴낸날 2014년 3월 5일 1판 1쇄
2015년 3월 5일 1판 2쇄
등 록 1979년 11월 9일 제313-1979-23호
주 소 121-818, 서울특별시 마포구 와우산로 174
전 화 (02)332-2004 팩스 (02)336-5193
이메일 kyungmoon@kyungmoon.com

값 18,000원

ISBN 978-89-6105-784-4

★ 경문사 홈페이지에 오시면 즐거운 일이 생깁니다.
http://www.kyungmoon.com

한국과학기술출판협회 회원사